U055800

基于 VSTO 的电网规划工具开发

顾　　问：郭建彬　段　珺

主　　编：韩天华　韩　伟　孟　岩　石磊磊　王　珺

参编人员（按姓氏拼音排序）：

白莉妍　韩胜峰　李会彬　唐　超　卫　丹

韦俊涛　徐华博　朱燕舞　赵　辉　赵　峥

燕山大学出版社

·秦皇岛·

图书在版编目（CIP）数据

基于 VSTO 的电网规划工具开发 / 韩天华等主编 . —3 版 . —秦皇岛：燕山大学出版社，2022.1
ISBN 978-7-5761-0303-8

I . ①基… II . ①韩… III . ①BASIC 语言—程序设计—应用—电网—电力系统规划—系统
设计 IV.①TM727-39

中国版本图书馆 CIP 数据核字（2022）第 012890 号

基于 VSTO 的电网规划工具开发

韩天华 韩 伟 孟 岩 石磊磊 王 珺 主编

出 版 人：陈 玉
责任编辑：孙志强
封面设计：赵小雨
出版发行：燕山大学出版社 YANSHAN UNIVERSITY PRESS
地 址：河北省秦皇岛市河北大街西段 438 号
邮政编码：066004
电 话：0335-8387555
印 刷：英格拉姆印刷(固安)有限公司
经 销：全国新华书店

开 本：700mm×1000mm 1/16	印 张：18	字 数：320 千字
版 次：2022 年 1 月第 3 版	印 次：2022 年 1 月第 1 次印刷	

书 号：ISBN 978-7-5761-0303-8
定 价：55.00 元

版权所有 侵权必究
如发生印刷、装订质量问题，读者可与出版社联系调换
联系电话：0335-8387718

前　言

随着配电网规划精细化，电网规划项目分类、分电压等级、分区域统计迫在眉睫，其统计的准确性很大程度上影响投资的精准度。针对数以千计的规划项目，Excel 提供的数据统计、分析功能已经无法满足需要。为解决规划项目统计分析时间长、准确度低的问题，编写了本书。

本书内容力求简约，以培养高素质技能型人才为目标，突出先进性、实用性，注重实际技能的培养，满足规划行业对人才的要求。

本书由浅入深逐步讲解规划工具开发分析及功能实现，适用于略懂编程的规划人员对现有工具进行改造以适应当地规划工作的开展，同时也适应 VSTO 初学者进行 Office 插件开发。

本书共分为 6 章，主要讲述 VSTO 相对于 Excel 常规统计分析和 VBA 的优劣性、C# 编程语言的必要知识、规划统计分析工作的需求分析、规划项目统计分析功能实现、文件操作基础功能实现、开发程序的封装与部署。

本书由国网邢台供电公司员工编写完成，第 1、4 章由韩天华编写，第 2 章由韩伟编写，第 3 章由石磊磊编写，第 5 章由孟岩编写，第 6 章由王珺编写。全书由郭建彬、段珺主审，并担任本书顾问，为本书提出了很多宝贵的意见和建议，在此表示衷心的感谢。

由于专业水平所限，本书在编撰过程中难免有所纰漏，恳切期望读者在使用中将发现的问题和错误及时提出，以便修正。

编者
2017 年 5 月

目　录

Office自动化技术介绍

数据收集、汇总、整理，不胜其烦，每年重复进行，技术含量低，但又是一切工作的基础，怎么办？Office 提供了 VBA、COM 加载项、动态 DLL 等一系列自动化工具。如果你有填不完的表格、汇总不完的数据，那就很有必要了解一下简要编程，实现Office自动化。

下面将简要介绍 VBA 与 Office 外接程序。

1.1 VBA

1.1.1 初识 VBA

日常工作中，重复性的工作可以通过录制宏来实现。宏是"寄生"于 Office 的一种程序，提高工作效率，其可以通过变成语言实现。

VBA，其全称为 Visual Basic for Applications，是 Visual Basic 的一种宏语言，是微软开发出来在其桌面应用程序中执行通用的自动化（OLE）任务的编程语言。主要用来扩展 Windows 的应用程序功能，特别是 Microsoft Office 软件，也可说是一种应用程式视觉化的 Basic 脚本，实际上 VBA 是寄生于 VB 应用程序的版本。微软在1994 年发行的 Excel 5.0 版本中，即具备了 VBA 的宏功能。

通俗来讲，VBA 就是基于 Office 软件的编程语言，为 Visual Basic 的子集，其最终成果为宏。

1.1.2 VBA 优缺点

Office办公分三个阶段：

（1）简单的复制、粘贴、敲字，格式调整。这类基本文员类的工作，不需要技术含量，也不需要处理大型的文档、数据。

（2）使用数据透视表、SmartArt 等 Office 自带工具进行文档的优化、数据的高级处理，实现文档的美化，提高工作效率。

（3）使用 VBA 编写或录制宏，避免重复性进行同一类工作，大幅提升工作效率。

作为 Office 办公的终极阶段,宏在 Office 办公中有不可替代的作用,对于提高工作效率优势明显,具有以下优点:

(1) 使重复的任务自动化、简单化;

(2) 可以自定义 Excel 工具栏、菜单和界面;

(3) 可以自定义模板、报表;

(4) 对数据进行复杂的操作和分析;

(5) VB 基础简单、易学。

但不可否认,由于宏程序的易于安装、传播,不良人员易于制作病毒进行传播对计算机、文档造成损坏。同时,由于加密简单,易于破解,其成果易于被他人窃取。

1.2 Office 外接程序

Office 外接程序主要为使用编程语言基于 . net framework 框架实现 Office 的二次开发。Office 外接程序可以帮助你为文档添加个性化设置或加快你访问网络上的信息的速度。例如,借助某个外接程序,你无须离开 Word 就可以查找维基百科中的条目或向文档添加在线映射。

Office 外接程序形式不一,但其核心为 DLL 动态库,注册至系统及 Office。

1.2.1 外接程序的获取

外接程序由于其复杂性已经不能通过 Office 软件自带的 VBA 实现,但可以通过加载项在微软商店中获取。

(1) 单击"插入""我的加载项"。

(2) 在"Office 外接程序"框中,单击"存储"。

（3）选择所需的外接程序，或者在搜索框中搜索外接程序。当你找到所需外接程序时，单击它。

（4）查看隐私信息，然后单击"信任它"。

如果想要浏览整个应用商店，请单击"全部"或"查看更多"。

（5）单击某外接程序以读取更多相关信息，然后单击"添加"或"购买"。如果系统提示你登录，请输入你用来登录 Office 程序的电子邮件地址和密码。查看隐私信息，然后单击"继续"（对于免费外接程序）或者确认账单信息并完成购买。

1.2.2　外接程序的优缺点

外接程序受益于与 Office 软件同属一个开发公司，具有超强的兼容性，便于实现和分发。其可以实现 VBA 的全部功能，并有效遏制宏病毒的传播。同时由于其封装性较好，易于成果保护。但是受限于专业知识，其开发过程较 VBA 更为复杂，需经过一定的培训、学习，其学习周期略长于 VBA。

1.2.3　外接程序开发工具

Office 外接程序的开发通常使用 Visual Studio 开发软件，基于 . net framework 开发。其开发工具为 VSTO。

VSTO 是一套用于创建自定义 Office 应用程序的 Visual Studio 工具包。VSTO 可以用 Visual Basic 或者 Visual C♯ 扩展 Office 应用程序（例如 Word、Excel、Info-Path 和 Outlook）。你可以使用强大的 Visual Studio 开发环境来创建你的定制程序，而不是使用 Visual Basic for Application（VBA）和 Office 里的 Visual Basic Editor（VBE）。无论是创建简单的数据录入应用程序还是提供复杂的企业解决方案，VS-

TO 都使之变得容易。

　　VSTO 还提供了增强的 Office 对象,你可以用它们来编程。比如说,你可以找到 VSTO 版的 Excel 工作簿、工作表和范围,这些增强的功能在本地 Excel 对象模型里是找不到的;比如说,你可以直接在 Excel 电子表格或者 Word 文档上添加.NET 控件,也被称为 Windows Forms 控件,然后把数据直接绑定到控件上。

　　基于此,本书以电网规划工具插件为实例,浅显讲解外接程序的实现。

VSTO开发关键技术

本章开始讲解 VSTO 的实现基础及 C♯ 编程关键语法，至于 VSTO 的发展历程及 C♯ 相关发展敬请查阅相关资料。推荐阅读文章详见 http://www.cnblogs.com/zhili/archive/2012/09/03/VSTO.html。

2.1 VSTO 工具介绍

2.1.1 Visual Studio 2017 安装

VSTO 工具集成于 Visual Studio 软件中，Visual Studio 2017 可以单独选择 VSTO 安装。具体步骤如下：

（1）打开 Visual Studio 2017 官网 https://www.visualstudio.com/zh-hans/。

（2）点击【下载 Visual Studio】按钮，下载在线安装程序。打开安装程序，弹出选择组件界面。选择基础组件的同时，选择【Office/SharePoint 开发】组件。

（3）选择相应组件后开始安装，静待 30 分钟左右即可。

（4）安装成功后，点击"Visual Studio"图标，打开程序。初始界面可以选择默认编程语言及界面色调，也可以后期在程序选项中修改。

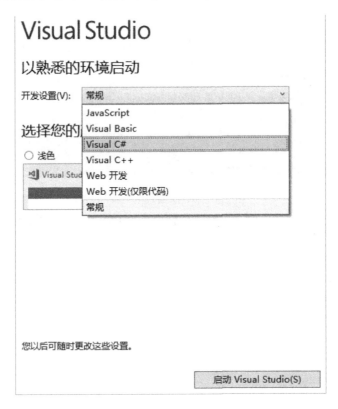

2.1.2　Visual Studio 2017 简要介绍

Visual Studio 2017 秉承 Microsoft 系列风格,菜单及基本操作几乎一致。下面着重介绍下编程相关操作。

打开 Visual Studio 2017,界面如下:

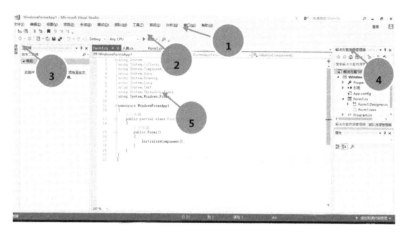

● 菜单栏,详见 1

● 工具栏,详见 2

● 工具箱,详见 3

● 解决方案管理器,详见 4

● 编程窗口,详见 5

编程主要分为以下步骤:

(1) 新建解决方案。

点击菜单栏中【文件】-【新建】-【项目】。

（2）解决方案中添加类、窗体等项。

右击解决方案窗口中的解决方案，弹出的菜单中选择【添加】—【新建项】。

（3）选择新建类型，并重命名。

（4）开始编程。

（5）运行调试。

运行调试可以点击工具栏中的调试按钮，也可以使用快捷键 F5。

2.2　C♯编程基础

2.2.1　命名空间、类、对象、属性、方法

2.2.1.1　命名空间

命名空间是用来组织和重用代码的，如同名字一样的意思，NameSpace（名字空间），之所以出来这样一个东西，是因为人类可用的单词数太少，并且不同的人写的程序不可能所有的变量都没有重名现象，对于库来说，这个问题尤其严重，如果两个人写的库文件中出现同名的变量或函数（不可避免），使用起来就有问题了。为了解决这个问题，引入了名字空间这个概念，通过使用 namespace xxx;你所使用的库函数或变量就是在该名字空间中定义的，这样一来就不会引起不必要的冲突了。

通常来说，命名空间是唯一识别的一套名字，这样当对象来自不同的地方但是名字相同的时候就不会含糊不清了。使用扩展标记语言的时候，XML 的命名空间是所有元素类别和属性的集合。元素类别和属性的名字可以通过唯一 XML 命名空间来确定。

新建一个项目解决方案，默认的命名空间与解决方案名称一致。声明一个命名空间用 namespace，使用命名空间采用 using。

如：

```
using System. Text;
namespace 规划工具箱
```

2.2.1.2　类与对象

类（Class）是面向对象程序设计（OOP，Object-Oriented Programming）实现信息封装的基础。类是一种用户定义类型，也称类类型。每个类包含数据说明和一组操作数据或传递消息的函数。类的实例称为对象。

如：人类是一个类，张三是一个对象。首先创建一个类，名称为"人类"。

```
class 人类
{
}
```

在其他类中就可以使用该类，但是使用前需要实例化。

```
人类 张三 = new 人类()
```

2.2.1.3　属性

属性是实体的描述性性质或特征，具有数据类型、域、默认值三种性质。属性也

往往用于对控件特性的描述。对于按钮控件的名称、显示的文字、背景颜色、背景图片等大多数控件都具有的属性称为公共属性:名称、标题、背景色、前景色等。如:人类的身高、体重即为其属性。

2.2.1.4 方法

C♯为面向对象的编程语言,C♯中的方法也是相对于对象来说的,是指某个对象的行为。

如:有一个人类的类,张三是这个类里的一个对象,那么跳跃这个行为就是张三这个对象的方法了。其实也就是 C 中的函数(C 是面向过程的,叫函数)。

```
public void 跳跃()
{ }
```

2.2.2 变量

变量来源于数学,是计算机语言中能储存计算结果或能表示值的抽象概念。

2.2.2.1 整型变量

表示整数,用 int 定义,表示范围为 -2,147,483,648 到 2,147,483,647。

```
int a;
a = 5;
int b = 5
```

可以将用字符串或字符存储的整数转换为整数,使用 int. Parse 和 int. TryParse。

```
string s = "5";
int a=int. Parse(s)
```

上述代码将字符"5"转换为数字格式的 5,并赋值给变量 a。

```
string s = "5";
bool flag;
int a = 0;
flag = int. TryParse(s, out a)
```

上述代码将字符"5"尝试转换为整型的 5,如果转换成功 flag 变量为 True,a 为 5;如果转换不成功(不为数字形式的字符串),flag 变量为 False,a 依旧为 0。

由此可以看出:

int. Parse()是一种类容转换;表示将数字内容的字符串转为 int 类型。如果字符串为空,则抛出 ArgumentNullException 异常;如果字符串内容不是数字,则抛出

FormatException 异常；如果字符串内容所表示数字超出 int 类型可表示的范围，则抛出 OverflowException 异常。

int. TryParse 与 int. Parse 又较为类似，但它不会产生异常，转换成功返回 true，转换失败返回 false。最后一个参数为输出值，如果转换失败，输出值为 0，如果转换成功，输出值为转换后的 int 值。

2.2.2.2　双精度变量

double 关键字表示存储 64 位浮点值的简单类型，表示范围为 $\pm 5.0 \times 10^{-324}$ 到 $\pm 1.7 \times 10^{308}$。

double a；

a = 5.01232

2.2.2.3　字符串变量

string 类型表示一个字符序列（零个或更多 Unicode 字符）。其他变量可以转为字符串变量，使用方法（）。

string s = "abced"；

int a=5；

string s2 = a. ToString（）

2.2.2.4　字符变量

char 关键字用于声明. NET framework 使用 Unicode 字符表示 System. Char 结构的实例。Char 对象的值是 16 位数字（序号值。）Unicode 字符在世界上表示大多数书面语言。

char c；

c = ′a′

2.2.2.5　布尔变量

bool 关键字是 System. Boolean 的别名。它用于声明变量来存储布尔值 true 和 false。

bool f = true

2.2.3　数组

数组是一种数据结构，包含同一个类型的多个元素。

数组的定义：

int[] NumArray1；

NumArray1 = new int[3]；

```
int[] NumArray2 = new int[3];

int[] NumArray3 = new int[3] { 1, 2, 3 }
```

2.2.4 字典

字典是一种让我们可以通过索引号查询到特定数据的数据结构类型。

```
//定义字典
Dictionary<string,string> StuName = new Dictionary<string, string>();
//清空字典所有元素
StuName. Clear();
//为字典添加元素
StuName. Add("001", "张三");
StuName. Add("002", "李四");
//取值
string Name1;
Name1 = StuName["001"];
//判断是否含有某一个值
string Name2 = "张三";
if(StuName. ContainsValue(Name2))
{
    System. Windows. Forms. MessageBox. Show("存在");
}
```

2.2.5 判断语句

判断语句主要使用 if,如果需多级判断采用 else if。

```
//单级判断,如果性别为"男",输出男,否则输出女
if(sex="男")
{
    System. Windows. Forms. MessageBox. Show("张三是男的。");
}
else
{
    System. Windows. Forms. MessageBox. Show("张三是女的。");
}
```

```
//多级判断,小于 60 不及格,大于等于 60 小于 80 为良好,大于 80 为优秀
int score = 90;
if(score<60)
{
    System. Windows. Forms. MessageBox. Show("不及格");
}
else if(score<80)
{
    System. Windows. Forms. MessageBox. Show("良好");
}
else
{
    System. Windows. Forms. MessageBox. Show("优秀");
}
```

2.2.6　循环语句

循环语句主要用到的有 for,foreach,while。

2.2.6.1　for

下述代码逻辑为:定义整形变量 i,初始值为 1,判断是否小于等于 10,输出字符串"Test",之后 i+1 变为 2;继续判断是否小于等于 10,逻辑为真时再次输出字符串"Test",i 再次加 1;一直循环至 i>10。

```
for(int i=1;i<=10;i++)
        {
            System. Windows. Forms. MessageBox. Show("Test");
        }
```

代码结果为输出 10 次"Test"。

2.2.6.2　foreach

下述代码逻辑为:定义字符串数组 sArray,对于字符串数组中的每一个字符串,输出至对话框。

```
string[] sArray = new string[3] {"1","2","3" };
        foreach(string s in sArray)
        {
```

```
System. Windows. Forms. MessageBox. Show(s);
    }
```

代码结果为输出 3 次对话框,分别为数组中的每一个值。

2.2.6.3　while

下述代码逻辑为:定义整形变量 i,初始值为 1,判断是否小于等于 10,逻辑为真时输出字符串"Test",之后 i+1 变为 2,逻辑为假时退出循环。

```
int i = 1;
        while (i <= 10);
        {
            System. Windows. Forms. MessageBox. Show("Test");
            i++;
        }
```

代码结果为输出 10 次"Test"。

2.3　Excel 对象操作

2.3.1　外接程序链接 Excel 程序

新建项目时选择 VSTO 外接程序——Excel 2013 和 2016 VSTO 外接程序。

新建外接程序后,开发软件自动添加以下代码,将开发的程序与 Excel 链接起来。

```
using Excel = Microsoft. Office. Interop. Excel;
using Office = Microsoft. Office. Core;
```

using Microsoft. Office. Tools. Excel

如若再次新建类文件或其他文件，需添加上述代码，否则 Excel 相关程序无法识别及启动。

链接成功后，需使用以下代码，类似于新建类，代表正在安装该插件的 Office 程序。

Excel. Application xapp = Globals. ThisAddIn. Application

后期 Excel 程序即可使用 xapp 代替。

2.3.2　工作簿

声明工作簿并操作需采用以下代码：

Excel. Application xapp = Globals. ThisAddIn. Application；

　　　　Excel. Workbook wbs = xapp. ActiveWorkbook；//指定当前工作簿给变量 wbs

　　　　wbs. Save（）;//保存

　　　　wbs. SaveAs（）;//另存为

　　　　wbs. Close（）;//关闭当前工作簿

2.3.3　工作表

工作表可以进行定义、选择、提出其属性、复制等一系列操作。

Excel. Worksheet sht = wbs. ActiveSheet;//指定当前工作表给变量 sht

　　　　Excel. Worksheet sht1 = wbs. Worksheets［1］;//索引号为 1 的工作表

　　　　Excel. Worksheet sht2 = wbs. Worksheets["Sheet1"];//工作表名为 "Sheet1"的工作表

　　　　sht1. Select（）;//选择 sht1 工作表

　　　　string s;

　　　　s = sht1. Name;//提取 sht1 工作表的名称

　　　　sht1. Copy（）;//复制 sht1 工作表

电网规划工具开发需求

3.1 项目清册检查

在电网规划工作中,项目清册的统计及分析是重中之重,但是受限于项目填报人员的水平及专业素质、时间、认知度等一系列问题,项目清册在填报过程中存在各类问题,尤其是 10 kV 项目,数量多,台账基础差,且项目填报多为县公司人员,出错率较高。因此需对项目清册填报项目的准确性进行检查,检查内容(10 kV 项目)如下:

3.1.1 字段准确性

电压等级:6 kV、10 kV、20 kV。

供电区域分类:A+、A、B、C、D、E。

电源送出类别:水电\一般水电、水电\抽水蓄能、火电\燃煤机组、火电\燃油机组、风电、核电、火电\燃气机组\天然气冷热电三联供、火电\燃气机组\沼气发电、火电\燃气机组\煤层气、火电\余热余压余气发电、火电\垃圾发电、火电\农林生物质发电、太阳能\光伏发电、太阳能\光热发电、地热能、海洋能、储能、其他。

工程属性:满足新增负荷供电要求,变电站配套送出,解决低电压台区,解决卡脖子,解决设备重载、过载,消除设备安全隐患,加强网架结构,分布式电源接入,无电地区供电,其他。

是否农网项目:是、否。

农网建设性质1:"井井通电"工程,村村通动力电,小城镇(中心村)电网改造升级,光伏扶贫项目接网工程,西藏、新疆以及川、甘、青三省藏区、西部地区农网,东中部贫困地区农网,东中部非贫困地区农网。

农网建设性质2:贫困县农网工程、小康电示范县农网工程、常规县农网工程。

农网建设性质3:涉及贫困村、不涉及贫困村。

资产属性:全资、控股、参股、代管。

是否业扩项目:是、否。

业扩性质：业扩、园区。

3.1.2　数据完整性

检查数据中有建设规模无投资、有投资无建设规模、有分项无合计、有合计无分项等情形。

对于 10 kV 新建项目，各字段逻辑性如下：

- 字段【中压线路架空线路长度（千米）】与字段【中压线路电缆线路长度（千米）】同时为空，但字段【中压线路投资（万元）】非空。

- 字段【中压线路架空线路长度（千米）】＋字段【中压线路电缆线路长度（千米）】非空，但字段【中压线路投资（万元）】为空。

- 字段【中压开关开闭所（座）】、字段【中压开关环网柜总数（座）】、字段【中压开关柱上开关总数（台）】、字段【中压开关电缆分支箱（座）】同时为空，但字段【中压开关投资（万元）】非空。

- 字段【中压开关开闭所（座）】、字段【中压开关环网柜总数（座）】、字段【中压开关柱上开关总数（台）】、字段【中压开关电缆分支箱（座）】之一非空，但字段【中压开关投资（万元）】为空。

- 字段【中压开关环网柜总数（座）】－字段【中压开关环网柜其中：分段环网柜（座）】－字段【中压开关环网柜联络环网柜（座）】＜0。

- 字段【中压开关环网柜总数（座）】－字段【中压开关柱上开关其中：分段开关（台）】－字段【中压开关柱上开关联络开关（台）】＜0。

- 字段【中压配电配电室座数（座）】、字段【中压配电配电室配变台数（台）】、字段【中压配电配电室配变容量（千伏安）】、字段【中压配电箱变座数（座）】、字段【中压配电箱变配变台数（台）】、字段【中压配电箱变配变容量（千伏安）】、字段【中压配电柱上变台数（台）】、字段【中压配电柱上变配变容量（千伏安）】同时为空，但字段【中压配变投资（万元）】非空。

- 字段【中压配电配电室座数（座）】、字段【中压配电配电室配变台数（台）】、字段【中压配电配电室配变容量（千伏安）】、字段【中压配电箱变座数（座）】、字段【中压配电箱变配变台数（台）】、字段【中压配电箱变配变容量（千伏安）】、字段【中压配电柱上变台数（台）】、字段【中压配电柱上变配变容量（千伏安）】之一非空，但字段【中压配变投资（万元）】为空。

- 字段【中压配电配电室座数（座）】、字段【中压配电配电室配变台数（台）】、字段【中压配电配电室配变容量（千伏安）】不同时为空。

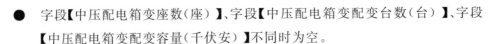

- 字段【中压配电箱变座数(座)】、字段【中压配电箱变配变台数(台)】、字段【中压配电箱变配变容量(千伏安)】不同时为空。

- 字段【中压配电柱上变台数(台)】、字段【中压配电柱上变配变容量(千伏安)】不同时为空。

- 字段【中压配电柱上变台数(台)】一字段【中压配电其中:非晶合金配变台数(台)】<0。

- 字段【中压配电柱上变配变容量(千伏安)】一字段【中压配电其中:非晶合金配变容量(千伏安)】<0。

- 字段【低压网配套架空线路长度(千米)】、字段【低压网配套架空线路投资(万元)】不同时为空或同时非空。

- 字段【低压网配套电缆长度(千米)】、字段【低压网配套电缆投资(万元)】不同时为空或同时非空。

- 字段【户表(户)】、字段【户表接户线(千米)】、字段【户表投资(万元)】不同时为空或同时非空。

- 各投资字段总和与字段【总投资(万元)】不一致。

- 字段【中央计划(%)】、字段【公司自筹(%)】、字段【县级供电企业自筹(%)】、字段【用户投资(%)】、字段【小区配套费(%)】、字段【政府垫资(%)】、字段【其他(%)】相加不等于100。

- 字段【工程属性1一满足新增负荷供电要求】、字段【工程属性2一变电站配套送出】、字段【工程属性3一解决低电压台区】、字段【工程属性4一解决卡脖子】、字段【工程属性5一解决设备重载、过载】、字段【工程属性6一消除设备安全隐患】、字段【工程属性7一加强网架结构】、字段【工程属性8一分布式电源接入】、字段【工程属性9一无电地区供电】、字段【工程属性10一其他】同时非空。

- 字段【是否农网项目】为"是"时,字段【农网建设性质1】、字段【农网建设性质2】、字段【农网建设性质3】为空。

- 字段【是否农网项目】为"否"时,字段【农网建设性质1】、字段【农网建设性质2】、字段【农网建设性质3】非空。

- 字段【是否业扩项目】为"是"时,字段【业扩申请编号】、字段【业扩性质】为空。

- 字段【是否业扩项目】为"否"时,字段【业扩申请编号】、字段【业扩性质】

非空。

对于 10 kV 改造项目,各字段逻辑性如下:

● 字段【配变改造总台数(台)】、字段【配变改造前总容量(千伏安)】、字段【配变改造后总容量(千伏安)】不同时非空。

● 字段【配变改造总台数(台)】、字段【配变改造前总容量(千伏安)】、字段【配变改造后总容量(千伏安)】之一非空时,字段【配变投资(万元)】为空。

● 字段【配变改造总台数(台)】小于字段【配变其中需改造高损配变台数(台)】。

● 字段【配变改造前总容量(千伏安)】小于字段【配变其中需改造高损配变总容量(千伏安)】。

● 字段【配变改造总台数(台)】小于字段【配变非晶合金配台数(台)】。

● 字段【配变改造前总容量(千伏安)】小于字段【配变非晶合金配总容量(千伏安)】。

● 字段【无功补偿装置组数(组)】、字段【无功补偿装置总容量(丁乏)】、字段【无功补偿装置投资(万元)】不同时非空。

● 字段【开关类断路器(台)】、字段【开关类负荷开关(台)】、字段【开关类环网柜(座)】、字段【开关类电缆分支箱(座)】之一非空,但字段【开关类投资(万元)】为空。

● 字段【开关类断路器(台)】、字段【开关类负荷开关(台)】、字段【开关类环网柜(座)】、字段【开关类电缆分支箱(座)】全空,但字段【开关类投资(万元)】非空。

● 字段【架空线路长度(千米)】小于字段【架空线路其中绝缘导线(千米)】。

● 字段【架空线路长度(千米)】、字段【架空线路投资(万元)】不同时非空。

● 字段【电缆线路长度(千米)】、字段【电缆线路沟道(千米)】全部为空,但字段【电缆线路投资(万元)】非空。

● 字段【电缆线路长度(千米)】、字段【电缆线路沟道(千米)】之一为空,但字段【电缆线路投资(万元)】为空。

● 字段【低压网配套架空线路长度(千米)】、字段【低压网配套架空线路投资(万元)】不同时为空或同时非空。

● 字段【低压网配套电缆长度(千米)】、字段【低压网配套电缆投资(万元)】不同时为空或同时非空。

- 字段【户表（户）】、字段【户表接户线（千米）】、字段【户表投资（万元）】不同时为空或同时非空。

- 各投资字段总和与字段【总投资（万元）】不一致。

- 字段【中央计划（％）】、字段【公司自筹（％）】、字段【县级供电企业自筹（％）】、字段【用户投资（％）】、字段【小区配套费（％）】、字段【政府垫资（％）】、字段【其他（％）】相加不等于 100。

- 字段【工程属性 1－满足新增负荷供电要求】、字段【工程属性 2－变电站配套送出】、字段【工程属性 3－解决低电压台区】、字段【工程属性 4－解决卡脖子】、字段【工程属性 5－解决设备重载、过载】、字段【工程属性 6－消除设备安全隐患】、字段【工程属性 7－加强网架结构】、字段【工程属性 8－分布式电源接入】、字段【工程属性 9－无电地区供电】、字段【工程属性 10－其他】同时非空。

- 字段【是否农网项目】为"是"时，字段【农网建设性质 1】、字段【农网建设性质 2】、字段【农网建设性质 3】为空。

- 字段【是否农网项目】为"否"时，字段【农网建设性质 1】、字段【农网建设性质 2】、字段【农网建设性质 3】非空。

- 字段【是否业扩项目】为"是"时，字段【业扩申请编号】、字段【业扩性质】为空。

- 字段【是否业扩项目】为"否"时，字段【业扩申请编号】、字段【业扩性质】非空。

3.1.3 数据准确性

检查数据准确性，配变台数、线路长度、户表数必须为整数；配变容量不应超过 400 kVA。

对于 10 kV 新建项目，检查项目如下：

- 字段【中压开关开闭所（座）】、字段【中压开关环网柜总数（座）】、字段【中压开关环网柜其中：分段环网柜（座）】、字段【中压开关环网柜联络环网柜（座）】、字段【中压开关柱上开关总数（台）】、字段【中压开关柱上开关其中：分段开关（台）】、字段【中压开关柱上开关联络开关（台）】、字段【中压开关电缆分支箱（座）】、字段【中压配电配电室座数（座）】、字段【中压配电配电室配变台数（台）】、字段【中压配电箱变座数（座）】、字段【中压配电箱变配变台数（台）】、字段【中压配电柱上变台数（台）】、字段【中压配电其中：非晶合金配变台数(台)】、字段【低压网配套架空线路条数(条)】、字段【低压网配套电缆条数(条)】、字段【户表(户)】不是整型。

● 字段【中压配电柱上变配变容量(千伏安)】/字段【中压配电柱上变台数(台)】大于 400 或小于 10。

● 字段【中压配电其中:非晶合金配变容量(千伏安)】/字段【中压配电其中:非晶合金配变台数(台)】大于 400 或小于 10。

对于 10 kV 改造项目,检查项目如下:

● 字段【配变改造后总容量(千伏安)】/字段【配变改造总台数(台)】大于 400 或小于 10。

● 字段【配变其中需改造高损配变总容量(千伏安)】/字段【配变其中需改造高损配变台数(台)】大于 400 或小于 10。

● 字段【配变非晶合金配总容量(千伏安)】/字段【配变非晶合金配台数(台)】大于 400 或小于 10。

● 字段【配变改造总台数(台)】、字段【配变其中需改造高损配变台数(台)】、字段【配变非晶合金配台数(台)】、字段【无功补偿装置组数(组)】、字段【开关类断路器(台)】、字段【开关类负荷开关(台)】、字段【开关类环网柜(座)】、字段【开关类电缆分支箱(座)】、字段【户表(户)】不是整型。

3.2　电网项目计算

各级电网项目规模、投资计算,共计 25 个表格,分电压等级、分供电分区、分建设类型、分工程属性进行统计。

3.3　规模统计

在项目清册调整阶段,需对各类项目进行规模统计,以便计算电网规划容载比、投资规模等合理性。同时适用于不同部门、不同需求的数据统计。

3.4　复制导出

数据填写完成后,按公司要求,统一录入规划设计一体化平台。该平台对数据验证、数据关联、数据有效性进行较为严格控制,小数点位数与要求不一致、存在公式等问题均无法导入系统,而人工录入又存在较大的工作量,需要自动执行复制导出功能。

Excel文件操作开发

4.1 新建外接程序

为保证效率，同时减少额外安装软件对系统、操作造成的影响，按照需求，考虑采用 VSTO 开发 Excel 插件，生成 Excel 加载项。本书中将该外接程序命名为 New-Test。

```csharp
using System;
using System. Collections. Generic;
using System. Linq;
using System. Text;
using System. Xml. Linq;
using Excel = Microsoft. Office. Interop. Excel;
using Office = Microsoft. Office. Core;
using Microsoft. Office. Tools. Excel;

namespace NewTest
{
    public partial class ThisAddIn
    {
        private void ThisAddIn_Startup(object sender, System. EventArgs e)
        {
        }

        private void ThisAddIn_Shutdown(object sender, System. EventArgs e)
        {
```

```
}
#region VSTO 生成的代码


/// <summary>
/// 设计器支持所需的方法 — 不要修改
/// 使用代码编辑器修改此方法的内容。
/// </summary>
private void InternalStartup()
{
    this. Startup += new System. EventHandler(ThisAddIn_Startup);
    this. Shutdown += new System. EventHandler(ThisAddIn_Shutdown);
}


#endregion
    }
}
```

4.2　新建 Ribbon

自 Office2007 开始,Ribbon 替代了经典的菜单,更易于操作。

在 NewTest 解决方案中,新建 Ribbon。

新建完成后，主窗口自动弹出 Ribbon 设计界面，可以对其名称、属性等进行设置。

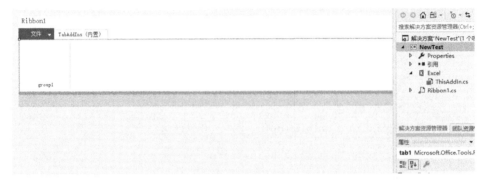

点击 TabAddIns(内置)对其进行属性设置，设置程序内名称、显示名称。

在工具箱中拖放控件至 Ribbon。

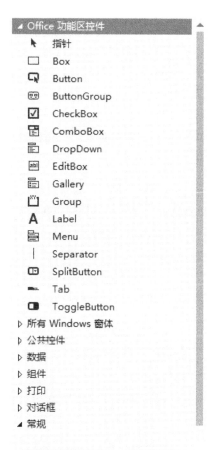

最终拖放成果为：

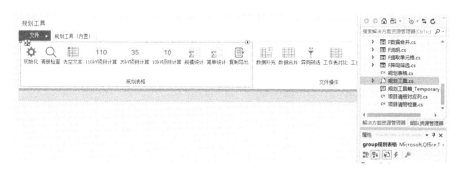

源代码为：

```
namespace 规划工具箱
{
```

```
partial class 规划工具 ：Microsoft. Office. Tools. Ribbon. RibbonBase
{
    /// <summary>
    /// 必需的设计器变量。
    /// </summary>
    private System. ComponentModel. IContainer components = null;

    public 规划工具()
        : base(Globals. Factory. GetRibbonFactory())
    {
        InitializeComponent();
    }


    /// <summary>
    /// 清理所有正在使用的资源。
    /// </summary>
    /// <param name="disposing">如果应释放托管资源，为 true；否则为
false。</param>
    protected override void Dispose(bool disposing)
    {
        if (disposing && (components ! = null))
        {
            components. Dispose();
        }
        base. Dispose(disposing);
    }


    #region 组件设计器生成的代码

    /// <summary>
    /// 设计器支持所需的方法 — 不要修改
```

/// 使用代码编辑器修改此方法的内容。

/// </summary>

private void InitializeComponent()

{

System. ComponentModel. ComponentResourceManager resources = new System. ComponentModel. ComponentResourceManager(typeof(规划工具));

　　　　this. tab 规划工具 = this. Factory. CreateRibbonTab()；

　　　　this. group 规划表格 = this. Factory. CreateRibbonGroup()；

　　　　this. btn 初始化 = this. Factory. CreateRibbonButton()；

　　　　this. btn 清册检查 = this. Factory. CreateRibbonButton()；

　　　　this. btn 去空文本 = this. Factory. CreateRibbonButton()；

　　　　this. btn110kV 项目计算 = this. Factory. CreateRibbonButton()；

　　　　this. btn35kV 项目计算 = this. Factory. CreateRibbonButton()；

　　　　this. btn10kV 项目计算 = this. Factory. CreateRibbonButton()；

　　　　this. btn 规模统计 = this. Factory. CreateRibbonButton()；

　　　　this. btn 简单统计 = this. Factory. CreateRibbonButton()；

　　　　this. btn 复制导出 = this. Factory. CreateRibbonButton()；

　　　　this. group 文件操作 = this. Factory. CreateRibbonGroup()；

　　　　this. btn 数据补充 = this. Factory. CreateRibbonButton()；

　　　　this. btn 数据合并 = this. Factory. CreateRibbonButton()；

　　　　this. btn 异同筛选 = this. Factory. CreateRibbonButton()；

　　　　this. btn 工作表对比 = this. Factory. CreateRibbonButton()；

　　　　this. btn 工作表合并 = this. Factory. CreateRibbonButton()；

　　　　this. btn 工作簿合并 = this. Factory. CreateRibbonButton()；

　　　　this. group 格式调整 = this. Factory. CreateRibbonGroup()；

　　　　this. gallery 保留小数忽略公式 = this. Factory. CreateRibbonGallery()；

　　　　this. btnZero = this. Factory. CreateRibbonButton()；

　　　　this. btnTwo = this. Factory. CreateRibbonButton()；

　　　　this. btnThree = this. Factory. CreateRibbonButton()；

　　　　this. btnFour = this. Factory. CreateRibbonButton()；

this. gallery 保留小数去除公式 ＝ this. Factory. CreateRibbonGallery ( );

this. btnZeroNoF ＝ this. Factory. CreateRibbonButton ( );

this. btnTwoNoF ＝ this. Factory. CreateRibbonButton ( );

this. btnThreeNoF ＝ this. Factory. CreateRibbonButton ( );

this. btnFourNoF ＝ this. Factory. CreateRibbonButton ( );

this. btn 隔行标色 ＝ this. Factory. CreateRibbonButton ( );

this. btn 简单格式 ＝ this. Factory. CreateRibbonButton ( );

this. btn 批注转内容 ＝ this. Factory. CreateRibbonButton ( );

this. btn 分散单元格 ＝ this. Factory. CreateRibbonButton ( );

this. btn 删空行列 ＝ this. Factory. CreateRibbonButton ( );

this. group 说明 ＝ this. Factory. CreateRibbonGroup ( );

this. btn 说明 ＝ this. Factory. CreateRibbonButton ( );

this. btn 提取单元格 ＝ this. Factory. CreateRibbonButton ( );

this. btn 不覆盖粘贴 ＝ this. Factory. CreateRibbonButton ( );

this. btn 隔行删行 ＝ this. Factory. CreateRibbonButton ( );

this. btn 隔行插行 ＝ this. Factory. CreateRibbonButton ( );

this. tab 规划工具. SuspendLayout ( );

this. group 规划表格. SuspendLayout ( );

this. group 文件操作. SuspendLayout ( );

this. group 格式调整. SuspendLayout ( );

this. group 说明. SuspendLayout ( );

this. SuspendLayout ( );

//

// tab 规划工具

//

this. tab 规划工具. ControlId. ControlIdType ＝ Microsoft. Office. Tools. Ribbon. RibbonControlIdType. Office;

this. tab 规划工具. Groups. Add(this. group 规划表格);

this. tab 规划工具. Groups. Add(this. group 文件操作);

this. tab 规划工具. Groups. Add(this. group 格式调整);

```
this. tab 规划工具. Groups. Add(this. group 说明);

this. tab 规划工具. Label = "规划工具";

this. tab 规划工具. Name = "tab 规划工具";

//

// group 规划表格

//

this. group 规划表格. Items. Add(this. btn 初始化);

this. group 规划表格. Items. Add(this. btn 清册检查);

this. group 规划表格. Items. Add(this. btn 去空文本);

this. group 规划表格. Items. Add(this. btn110kV 项目计算);

this. group 规划表格. Items. Add(this. btn35kV 项目计算);

this. group 规划表格. Items. Add(this. btn10kV 项目计算);

this. group 规划表格. Items. Add(this. btn 规模统计);

this. group 规划表格. Items. Add(this. btn 简单统计);

this. group 规划表格. Items. Add(this. btn 复制导出);

this. group 规划表格. Label = "规划表格";

this. group 规划表格. Name = "group 规划表格";

//

// btn 初始化

//

this. btn 初始化. ControlSize = Microsoft. Office. Core. RibbonControlSize. RibbonControlSizeLarge;

this. btn 初始化. Image = ((System. Drawing. Image)(resources. GetObject("btn 初始化. Image")));

this. btn 初始化. Label = "初始化";

this. btn 初始化. Name = "btn 初始化";

this. btn 初始化. ShowImage = true;

this. btn 初始化. Click += new
Microsoft. Office. Tools. Ribbon. RibbonControlEventHandler(this. btn 初始化_
Click);

//
```

29

```
// btn 清册检查
//
this. btn 清册检查. ControlSize ＝Microsoft. Office. Core. RibbonCon-
trolSize. RibbonControlSizeLarge;
this. btn 清册检查. Image ＝ ((System. Drawing. Image)(resources.
GetObject("btn 清册检查. Image")));
this. btn 清册检查. Label ＝ "清册检查";
this. btn 清册检查. Name ＝ "btn 清册检查";
this. btn 清册检查. ShowImage ＝ true;
this. btn 清册检查. Click ＋＝ new Microsoft. Office. Tools. Ribbon.
RibbonControlEventHandler(this. btn 清册检查_Click);
//
// btn 去空文本
//
this. btn 去空文本. ControlSize ＝Microsoft. Office. Core. RibbonCon-
trolSize. RibbonControlSizeLarge;
this. btn 去空文本. Image ＝ ((System. Drawing. Image)(resources.
GetObject("btn 去空文本. Image")));
this. btn 去空文本. Label ＝ "去空文本";
this. btn 去空文本. Name ＝ "btn 去空文本";
this. btn 去空文本. ShowImage ＝ true;
this. btn 去空文本. Click ＋＝ new Microsoft. Office. Tools. Ribbon.
RibbonControlEventHandler(this. btn 去空文本_Click);
//
// btn110kV 项目计算
//
this. btn110kV 项目计算. ControlSize ＝Microsoft. Office. Core. Rib-
bonControlSize. RibbonControlSizeLarge;
this. btn110kV 项目计算. Image ＝((System. Drawing. Image)(re-
sources. GetObject("btn110kV 项目计算. Image")));
this. btn110kV 项目计算. Label ＝ "110kV 项目计算";
```

```csharp
this. btn110kV 项目计算. Name = "btn110kV 项目计算";
this. btn110kV 项目计算. ShowImage = true;
this. btn110kV 项目计算. Click += new Microsoft. Office. Tools. Ribbon. RibbonControlEventHandler(this. btn110kV 项目计算_Click);
//
// btn35kV 项目计算
//
this. btn35kV 项目计算. ControlSize = Microsoft. Office. Core. RibbonControlSize. RibbonControlSizeLarge;
this. btn35kV 项目计算. Image = ((System. Drawing. Image)(resources. GetObject("btn35kV 项目计算. Image")));
this. btn35kV 项目计算. Label = "35kV 项目计算";
this. btn35kV 项目计算. Name = "btn35kV 项目计算";
this. btn35kV 项目计算. ShowImage = true;
this. btn35kV 项目计算. Click += new Microsoft. Office. Tools. Ribbon. RibbonControlEventHandler(this. btn35kV 项目计算_Click);
//
// btn10kV 项目计算
//
this. btn10kV 项目计算. ControlSize = Microsoft. Office. Core. RibbonControlSize. RibbonControlSizeLarge;
this. btn10kV 项目计算. Image = ((System. Drawing. Image)(resources. GetObject("btn10kV 项目计算. Image")));
this. btn10kV 项目计算. Label = "10kV 项目计算";
this. btn10kV 项目计算. Name = "btn10kV 项目计算";
this. btn10kV 项目计算. ShowImage = true;
this. btn10kV 项目计算. Click += new Microsoft. Office. Tools. Ribbon. RibbonControlEventHandler(this. btn10kV 项目计算_Click);
//
// btn 规模统计
//
```

```
this. btn 规模统计. ControlSize ＝Microsoft. Office. Core. RibbonCon-
trolSize. RibbonControlSizeLarge;
        this. btn 规模统计. Image ＝((System. Drawing. Image)(resources.
GetObject("btn 规模统计. Image")));
        this. btn 规模统计. Label ＝ "规模统计";
        this. btn 规模统计. Name ＝ "btn 规模统计";
        this. btn 规模统计. ShowImage ＝ true;
        this. btn 规模统计. Click ＋＝ new Microsoft. Office. Tools. Ribbon.
RibbonControlEventHandler(this. btn 规模统计_Click);
        //
        // btn 简单统计
        //
        this. btn 简单统计. ControlSize ＝Microsoft. Office. Core. RibbonCon-
trolSize. RibbonControlSizeLarge;
        this. btn 简单统计. Image ＝ ((System. Drawing. Image)(resources.
GetObject("btn 简单统计. Image")));
        this. btn 简单统计. Label ＝ "简单统计";
        this. btn 简单统计. Name ＝ "btn 简单统计";
        this. btn 简单统计. ShowImage ＝ true;
        this. btn 简单统计. Click ＋＝ new Microsoft. Office. Tools. Ribbon.
RibbonControlEventHandler(this. btn 简单统计_Click);
        //
        // btn 复制导出
        //
        this. btn 复制导出. ControlSize ＝Microsoft. Office. Core. RibbonCon-
trolSize. RibbonControlSizeLarge;
        this. btn 复制导出. Image ＝((System. Drawing. Image)(resources.
GetObject("btn 复制导出. Image")));
        this. btn 复制导出. Label ＝ "复制导出";
        this. btn 复制导出. Name ＝ "btn 复制导出";
        this. btn 复制导出. ShowImage ＝ true;
```

```
            this.btn 复制导出.Click += new Microsoft.Office.Tools.Ribbon.
RibbonControlEventHandler(this.btn 复制导出_Click);
            //
            // group 文件操作
            //
            this.group 文件操作.Items.Add(this.btn 数据补充);
            this.group 文件操作.Items.Add(this.btn 数据合并);
            this.group 文件操作.Items.Add(this.btn 异同筛选);
            this.group 文件操作.Items.Add(this.btn 工作表对比);
            this.group 文件操作.Items.Add(this.btn 工作表合并);
            this.group 文件操作.Items.Add(this.btn 工作簿合并);
            this.group 文件操作.Label = "文件操作";
            this.group 文件操作.Name = "group 文件操作";
            //
            // btn 数据补充
            //
            this.btn 数据补充.ControlSize =Microsoft.Office.Core.RibbonCon-
trolSize.RibbonControlSizeLarge;
            this.btn 数据补充.Image = ((System.Drawing.Image)(resources.
GetObject("btn 数据补充.Image")));
            this.btn 数据补充.Label = "数据补充";
            this.btn 数据补充.Name = "btn 数据补充";
            this.btn 数据补充.ShowImage = true;
            this.btn 数据补充.Click += new Microsoft.Office.Tools.Ribbon.
RibbonControlEventHandler(this.btn 数据补充_Click);
            //
            // btn 数据合并
            //
            this.btn 数据合并.ControlSize = Microsoft.Office.Core.Ribbon-
ControlSize.RibbonControlSizeLarge;
```

```
this. btn 数据合并. Image = ((System. Drawing. Image)(resources.
GetObject("btn 数据合并. Image")));
            this. btn 数据合并. Label = "数据合并";
            this. btn 数据合并. Name = "btn 数据合并";
            this. btn 数据合并. ShowImage = true;
            this. btn 数据合并. Click += new Microsoft. Office. Tools. Ribbon.
RibbonControlEventHandler(this. btn 数据合并_Click);
            //
            // btn 异同筛选
            //
            this. btn 异同筛选. ControlSize =Microsoft. Office. Core. RibbonCon-
trolSize. RibbonControlSizeLarge;
            this. btn 异同筛选. Image = ((System. Drawing. Image)(resources.
GetObject("btn 异同筛选. Image")));
            this. btn 异同筛选. Label = "异同筛选";
            this. btn 异同筛选. Name = "btn 异同筛选";
            this. btn 异同筛选. ShowImage = true;
            this. btn 异同筛选. Click += new Microsoft. Office. Tools. Ribbon.
RibbonControlEventHandler(this. btn 异同筛选_Click);
            //
            // btn 工作表对比
            //
            this. btn 工作表对比. ControlSize = Microsoft. Office. Core. Ribbon-
ControlSize. RibbonControlSizeLarge;
            this. btn 工作表对比. Image = ((System. Drawing. Image)(re-
sources. GetObject("btn 工作表对比. Image")));
            this. btn 工作表对比. Label = "工作表对比";
            this. btn 工作表对比. Name = "btn 工作表对比";
            this. btn 工作表对比. ShowImage = true;
```

```
        this. btn 工作表对比. Click ＋＝ new Microsoft. Office. Tools. Rib-
bon. RibbonControlEventHandler(this. btn 工作表对比_Click);
        //
        // btn 工作表合并
        //
        this. btn 工作表合并. ControlSize ＝ Microsoft. Office. Core. Ribbon-
ControlSize. RibbonControlSizeLarge;
        this. btn 工作表合并. Image ＝((System. Drawing. Image)(resources.
GetObject("btn 工作表合并. Image")));
        this. btn 工作表合并. Label ＝ "工作表合并";
        this. btn 工作表合并. Name ＝ "btn 工作表合并";
        this. btn 工作表合并. ShowImage ＝ true;
        this. btn 工作表合并. Click ＋＝ new Microsoft. Office. Tools. Ribbon. Rib-
bonControlEventHandler(this. btn 工作表合并_Click);
        //
        // btn 工作簿合并
        //
        this. btn 工作簿合并. ControlSize ＝ Microsoft. Office. Core. Ribbon-
ControlSize. RibbonControlSizeLarge;
        this. btn 工作簿合并. Image ＝((System. Drawing. Image)(resources.
GetObject("btn 工作簿合并. Image")));
        this. btn 工作簿合并. Label ＝ "工作簿合并";
        this. btn 工作簿合并. Name ＝ "btn 工作簿合并";
        this. btn 工作簿合并. ShowImage ＝ true;
        this. btn 工作簿合并. Click ＋＝ new Microsoft. Office. Tools. Rib-
bon. RibbonControlEventHandler(this. btn 工作簿合并_Click);
        //
        // group 格式调整
        //
```

```
this. group 格式调整. Items. Add(this. gallery 保留小数忽略公式);
this. group 格式调整. Items. Add(this. gallery 保留小数去除公式);
this. group 格式调整. Items. Add(this. btn 隔行标色);
this. group 格式调整. Items. Add(this. btn 简单格式);
this. group 格式调整. Items. Add(this. btn 批注转内容);
this. group 格式调整. Items. Add(this. btn 删空行列);
this. group 格式调整. Items. Add(this. btn 分散单元格);
this. group 格式调整. Items. Add(this. btn 提取单元格);
this. group 格式调整. Items. Add(this. btn 不覆盖粘贴);
this. group 格式调整. Items. Add(this. btn 隔行删行);
this. group 格式调整. Items. Add(this. btn 隔行插行);
this. group 格式调整. Label = "格式调整";
this. group 格式调整. Name = "group 格式调整";
//
// gallery 保留小数忽略公式
//
this. gallery 保留小数忽略公式. Buttons. Add(this. btnZero);
this. gallery 保留小数忽略公式. Buttons. Add(this. btnTwo);
this. gallery 保留小数忽略公式. Buttons. Add(this. btnThree);
this. gallery 保留小数忽略公式. Buttons. Add(this. btnFour);
this. gallery 保留小数忽略公式. ControlSize = Microsoft. Office. Core. Rib-
bonControlSize. RibbonControlSizeLarge;
this. gallery 保留小数忽略公式. Image = ((System. Drawing. Image)
(resources. GetObject("gallery 保留小数忽略公式. Image")));
this. gallery 保留小数忽略公式. Label = "保留小数";
this. gallery 保留小数忽略公式. Name = "gallery 保留小数忽略公式";
this. gallery 保留小数忽略公式. ShowImage = true;
//
// btnZero
//
this. btnZero. Label = "取整";
```

```
            this.btnZero.Name = "btnZero";
            this.btnZero.ShowImage = true;
            this.btnZero.Click += new Microsoft.Office.Tools.Ribbon.RibbonCon-
trolEventHandler(this.btnZero_Click);
            //
            // btnTwo
            //
            this.btnTwo.Label = "保留 2 位小数";
            this.btnTwo.Name = "btnTwo";
            this.btnTwo.ShowImage = true;
            this.btnTwo.Click += new Microsoft.Office.Tools.Ribbon.RibbonCon-
trolEventHandler(this.btnTwo_Click);
            //
            // btnThree
            //
            this.btnThree.Label = "保留 3 位小数";
            this.btnThree.Name = "btnThree";
            this.btnThree.ShowImage = true;
            this.btnThree.Click += new Microsoft.Office.Tools.Ribbon.RibbonCon-
trolEventHandler(this.btnThree_Click);
            //
            // btnFour
            //
            this.btnFour.Label = "保留 4 位小数";
            this.btnFour.Name = "btnFour";
            this.btnFour.ShowImage = true;
            this.btnFour.Click += new Microsoft.Office.Tools.Ribbon.RibbonCon-
trolEventHandler(this.btnFour_Click);
            //
            // gallery 保留小数去除公式
            //
```

```
            this. gallery 保留小数去除公式. Buttons. Add(this. btnZeroNoF);

            this. gallery 保留小数去除公式. Buttons. Add(this. btnTwoNoF);

            this. gallery 保留小数去除公式. Buttons. Add(this. btnThreeNoF);

            this. gallery 保留小数去除公式. Buttons. Add(this. btnFourNoF);

            this. gallery 保留小数去除公式. ControlSize = Microsoft. Office. Core. Rib-
bonControlSize. RibbonControlSizeLarge;

            this. gallery 保留小数去除公式. Image = ((System. Drawing. Image)
(resources. GetObject("gallery 保留小数去除公式. Image")));

            this. gallery 保留小数去除公式. Label = "保留小数";

            this. gallery 保留小数去除公式. Name = "gallery 保留小数去除公
式";

            this. gallery 保留小数去除公式. ShowImage = true;
            //
            // btnZeroNoF
            //
            this. btnZeroNoF. Label = "取整";

            this. btnZeroNoF. Name = "btnZeroNoF";

            this. btnZeroNoF. ScreenTip = "取整,忽略公式";

            this. btnZeroNoF. ShowImage = true;

            this. btnZeroNoF. Click += new Microsoft. Office. Tools. Ribbon. Ribbon-
ControlEventHandler(this. btnZeroNoF_Click);
            //
            // btnTwoNoF
            //
            this. btnTwoNoF. Label = "保留 2 位小数";

            this. btnTwoNoF. Name = "btnTwoNoF";

            this. btnTwoNoF. ScreenTip = "保留 2 位小数,忽略公式,忽略 0";

            this. btnTwoNoF. ShowImage = true;

            this. btnTwoNoF. Click += new Microsoft. Office. Tools. Ribbon. Ribbon-
ControlEventHandler(this. btnTwoNoF_Click);
            //
```

```
// btnThreeNoF
//
this. btnThreeNoF. Label = "保留 3 位小数";
this. btnThreeNoF. Name = "btnThreeNoF";
this. btnThreeNoF. ScreenTip = "保留 3 位小数,忽略公式,忽略 0";
this. btnThreeNoF. Click += new Microsoft. Office. Tools. Ribbon. Ribbon-
ControlEventHandler(this. btnThreeNoF_Click);
//
// btnFourNoF
//
this. btnFourNoF. Label = "保留 4 位小数";
this. btnFourNoF. Name = "btnFourNoF";
this. btnFourNoF. ScreenTip = "保留 4 位小数,忽略公式,忽略 0";
this. btnFourNoF. Click += new Microsoft. Office. Tools. Ribbon. RibbonCon-
trolEventHandler(this. btnFourNoF_Click);
//
// btn 隔行标色
//
this. btn 隔行标色. ControlSize = Microsoft. Office. Core. RibbonCon-
trolSize. RibbonControlSizeLarge;
this. btn 隔行标色. Image = ((System. Drawing. Image)(resources. GetObject("
btn 隔行标色. Image")));
this. btn 隔行标色. Label = "隔行标色";
this. btn 隔行标色. Name = "btn 隔行标色";
this. btn 隔行标色. ShowImage = true;
this. btn 隔行标色. Click += new Microsoft. Office. Tools. Ribbon. Ribbon-
ControlEventHandler(this. btn 隔行标色_Click);
//
// btn 简单格式
//
this. btn 简单格式. ControlSize = Microsoft. Office. Core. RibbonCon-
```

trolSize. RibbonControlSizeLarge；

        this. btn 简单格式. Image = ((System. Drawing. Image)(resources. GetObject("btn 简单格式. Image")))；

        this. btn 简单格式. Label = "简单格式"；

        this. btn 简单格式. Name = "btn 简单格式"；

        this. btn 简单格式. ShowImage = true；

        this. btn 简单格式. Click += new Microsoft. Office. Tools. Ribbon. RibbonControlEventHandler(this. btn 简单格式_Click)；

        //

        // btn 批注转内容

        //

        this. btn 批注转内容. ControlSize = Microsoft. Office. Core. RibbonControlSize. RibbonControlSizeLarge；

        this. btn 批注转内容. Image = ((System. Drawing. Image)(resources. GetObject("btn 批注转内容. Image")))；

        this. btn 批注转内容. Label = "批注转内容"；

        this. btn 批注转内容. Name = "btn 批注转内容"；

        this. btn 批注转内容. ShowImage = true；

        this. btn 批注转内容. Click += new Microsoft. Office. Tools. Ribbon. RibbonControlEventHandler(this. btn 批注转内容_Click)；

        //

        // btn 分散单元格

        //

        this. btn 分散单元格. Label = "分散单元格"；

        this. btn 分散单元格. Name = "btn 分散单元格"；

        this. btn 分散单元格. Click += new Microsoft. Office. Tools. Ribbon. RibbonControlEventHandler(this. btn 分散单元格_Click)；

        //

        // btn 删空行列

        //

        this. btn 删空行列. ControlSize = Microsoft. Office. Core. RibbonControlSize. RibbonControlSizeLarge；

　　　　this. btn 删空行列. Image = ((System. Drawing. Image)(resources. GetObject("btn 删空行列. Image")))；

　　　　this. btn 删空行列. Label = "删空行(列)"；

　　　　this. btn 删空行列. Name = "btn 删空行列"；

　　　　this. btn 删空行列. ShowImage = true；

　　　　this. btn 删空行列. Click += new Microsoft. Office. Tools. Ribbon. RibbonControlEventHandler(this. btn 删空行列_Click)；

　　　　//

　　　　// group 说明

　　　　//

　　　　this. group 说明. Items. Add(this. btn 说明)；

　　　　this. group 说明. Label = "说明"；

　　　　this. group 说明. Name = "group 说明"；

　　　　//

　　　　// btn 说明

　　　　//

　　　　this. btn 说明. ControlSize = Microsoft. Office. Core. RibbonControlSize. RibbonControlSizeLarge；

　　　　this. btn 说明. Image = ((System. Drawing. Image)(resources. GetObject("btn 说明. Image")))；

　　　　this. btn 说明. Label = "插件说明"；

　　　　this. btn 说明. Name = "btn 说明"；

　　　　this. btn 说明. ShowImage = true；

　　　　this. btn 说明. Click += new Microsoft. Office. Tools. Ribbon. RibbonControlEventHandler(this. btn 说明_Click)；

　　　　//

　　　　// btn 提取单元格

　　　　//

　　　　this. btn 提取单元格. Label = "提取单元格"；

　　　　this. btn 提取单元格. Name = "btn 提取单元格"；

```
this. btn 提取单元格. Click += new Microsoft. Office. Tools. Ribbon. Rib-
bonControlEventHandler(this. btn 提取单元格_Click);
            //
            // btn 不覆盖粘贴
            //
this. btn 不覆盖粘贴. Label = "不覆盖粘贴";
this. btn 不覆盖粘贴. Name = "btn 不覆盖粘贴";
this. btn 不覆盖粘贴. Click += new Microsoft. Office. Tools. Ribbon. Rib-
bonControlEventHandler(this. btn 不覆盖粘贴_Click);
            //
            // btn 隔行删行
            //
this. btn 隔行删行. Label = "隔行删行";
this. btn 隔行删行. Name = "btn 隔行删行";
this. btn 隔行删行. Click += new Microsoft. Office. Tools. Ribbon. Ribbon-
ControlEventHandler(this. btn 隔行删行_Click);
            //
            // btn 隔行插行
            //
this. btn 隔行插行. Label = "隔行插行";
this. btn 隔行插行. Name = "btn 隔行插行";
this. btn 隔行插行. Click += new Microsoft. Office. Tools. Ribbon. Ribbon-
ControlEventHandler(this. btn 隔行插行_Click);
            //
            // 规划工具
            //
this. Name = "规划工具";
this. RibbonType = "Microsoft. Excel. Workbook";
this. Tabs. Add(this. tab 规划工具);
this. Load += new Microsoft. Office. Tools. Ribbon. RibbonUIEventHandler
(this. 规划工具_Load);
```

```
this. tab 规划工具. ResumeLayout(false);

this. tab 规划工具. PerformLayout();

this. group 规划表格. ResumeLayout(false);

this. group 规划表格. PerformLayout();

this. group 文件操作. ResumeLayout(false);

this. group 文件操作. PerformLayout();

this. group 格式调整. ResumeLayout(false);

this. group 格式调整. PerformLayout();

this. group 说明. ResumeLayout(false);

this. group 说明. PerformLayout();

this. ResumeLayout(false);


}


#endregion


internal Microsoft. Office. Tools. Ribbon. RibbonTab tab 规划工具;

internal Microsoft. Office. Tools. Ribbon. RibbonGroup group 规划表格;

internal Microsoft. Office. Tools. Ribbon. RibbonButton btn 初始化;

internal Microsoft. Office. Tools. Ribbon. RibbonButton btn 清册检查;

internal Microsoft. Office. Tools. Ribbon. RibbonButton btn 去空文本;

internal Microsoft. Office. Tools. Ribbon. RibbonButton btn110kV 项目计算;

internal Microsoft. Office. Tools. Ribbon. RibbonButton btn35kV 项目计算;

internal Microsoft. Office. Tools. Ribbon. RibbonButton btn10kV 项目计算;

internal Microsoft. Office. Tools. Ribbon. RibbonButton btn 规模统计;

internal Microsoft. Office. Tools. Ribbon. RibbonButton btn 简单统计;

internal Microsoft. Office. Tools. Ribbon. RibbonButton btn 复制导出;

internal Microsoft. Office. Tools. Ribbon. RibbonGroup group 文件操作;

internal Microsoft. Office. Tools. Ribbon. RibbonButton btn 数据补充;

internal Microsoft. Office. Tools. Ribbon. RibbonButton btn 数据合并;

internal Microsoft. Office. Tools. Ribbon. RibbonButton btn 异同筛选;
```

```
        internal Microsoft. Office. Tools. Ribbon. RibbonButton btn 工作表对比;

        internal Microsoft. Office. Tools. Ribbon. RibbonButton btn 工作表合并;

        internal Microsoft. Office. Tools. Ribbon. RibbonButton btn 工作簿合并;

        internal Microsoft. Office. Tools. Ribbon. RibbonGroup group 格式调整;

        internal Microsoft. Office. Tools. Ribbon. RibbonGallery gallery 保留小数忽略公
式;

        private Microsoft. Office. Tools. Ribbon. RibbonButton btnZero;

        private Microsoft. Office. Tools. Ribbon. RibbonButton btnTwo;

        private Microsoft. Office. Tools. Ribbon. RibbonButton btnThree;

        private Microsoft. Office. Tools. Ribbon. RibbonButton btnFour;

        internal Microsoft. Office. Tools. Ribbon. RibbonGallery gallery 保留小数
去除公式;

        private Microsoft. Office. Tools. Ribbon. RibbonButton btnZeroNoF;

        private Microsoft. Office. Tools. Ribbon. RibbonButton btnTwoNoF;

        private Microsoft. Office. Tools. Ribbon. RibbonButton btnThreeNoF;

        private Microsoft. Office. Tools. Ribbon. RibbonButton btnFourNoF;

        internal Microsoft. Office. Tools. Ribbon. RibbonButton btn 隔行标色;

        internal Microsoft. Office. Tools. Ribbon. RibbonButton btn 简单格式;

        internal Microsoft. Office. Tools. Ribbon. RibbonButton btn 批注转内容;

        internal Microsoft. Office. Tools. Ribbon. RibbonGroup group 说明;

        internal Microsoft. Office. Tools. Ribbon. RibbonButton btn 说明;

        internal Microsoft. Office. Tools. Ribbon. RibbonButton btn 删空行列;

        internal Microsoft. Office. Tools. Ribbon. RibbonButton btn 分散单元格;

        internal Microsoft. Office. Tools. Ribbon. RibbonButton btn 提取单元格;

        internal Microsoft. Office. Tools. Ribbon. RibbonButton btn 不覆盖粘贴;

        internal Microsoft. Office. Tools. Ribbon. RibbonButton btn 隔行删行;

        internal Microsoft. Office. Tools. Ribbon. RibbonButton btn 隔行插行;

    }


    partial class ThisRibbonCollection

    {
```

```
internal 规划工具 规划工具
{
    get { return this.GetRibbon<规划工具>()；}
}
}
```

电网规划项目分析
功能开发

第5章

5.1 项目清册检查功能实现

5.1.1 项目清册对应列

由于项目清册可能会略有变动,不同年份在统计时需统计的字段处于不同列,因此设置统一对应列,当字段所在列发生变化时只需修改字段列即可,大大减少了工作量。同时在程序中,列由变量代替,更利于理解。

```
using System；
using System. Collections. Generic；
using System. Linq；
using System. Text；
using System. Threading. Tasks；


namespace 规划工具箱
{
    class 项目清册通用定义
    {
        public static int YearStart ＝ 2016；
        public static int YearEnd ＝ 2020；
    }


    class 新建110kV项目对应列
    {
        public string 县域 ＝ "A"；
        public string 分区 ＝ "B"；
```

```
    public string 建设类型 = "I";

    public string 主变台数 = "M";

    public string 主变容量 = "N";

    public string 变电投资 = "Q";

    public string 间隔 = "R";

    public string 线路条数 = "S";

    public string 线路长度 = "T";

    public string 电缆长度 = "U";

    public string 架空长度 = "W";

    public string 线路投资 = "Y";

    public string 总投资 = "Z";

    public string 公司投资 = "AB";

    public string 投产年 = "AG";

    public string 工程属性 = "AZ";

    public string 备注 = "BA";

}

class 变电改造 110kV 项目对应列

{

    public string 县域 = "A";

    public string 分区 = "B";

    public string 主变台数 = "I";

    public string 改造前容量 = "L";

    public string 改造后容量 = "M";

    public string 总投资 = "Q";

    public string 公司投资 = "S";

    public string 投产年 = "X";

    public string 工程属性 = "AQ";

    public string 备注 = "AR";

}

class 线路改造 110kV 项目对应列

{
```

```
        public string 县域 = "A";
        public string 分区 = "B";
        public string 架空长度 = "I";
        public string 电缆长度 = "L";
        public string 总投资 = "Q";
        public string 公司投资 = "S";
        public string 投产年 = "X";
        public string 工程属性 = "AQ";
        public string 备注 = "AR";
    }
class 新建 35kV 项目对应列
    {
        public string 县域 = "A";
        public string 分区 = "B";
        public string 建设类型 = "F";
        public string 主变台数 = "J";
        public string 主变容量 = "K";
        public string 变电投资 = "N";
        public string 间隔 = "O";
        public string 线路条数 = "P";
        public string 线路长度 = "Q";
        public string 电缆长度 = "R";
        public string 架空长度 = "T";
        public string 线路投资 = "V";
        public string 总投资 = "W";
        public string 公司投资 = "Y";
        public string 投产年 = "AD";
        public string 工程属性 = "AW";
        public string 备注 = "AX";
    }
class 变电改造 35kV 项目对应列
```

```
{
    public string 县域 = "A";
    public string 分区 = "B";
    public string 主变台数 = "F";
    public string 改造前容量 = "I";
    public string 改造后容量 = "J";
    public string 总投资 = "N";
    public string 公司投资 = "P";
    public string 投产年 = "U";
    public string 工程属性 = "AN";
    public string 备注 = "AO";
}
class 线路改造 35kV 项目对应列
{
    public string 县域 = "A";
    public string 分区 = "B";
    public string 架空长度 = "F";
    public string 电缆长度 = "I";
    public string 总投资 = "N";
    public string 公司投资 = "P";
    public string 投产年 = "U";
    public string 工程属性 = "AN";
    public string 备注 = "AO";
}
class 新建 10kV 项目对应列
{
    public string 县域 = "A";
    public string 分区 = "B";
    public string 中压架空 = "F";
    public string 中压电缆 = "G";
    public string 线路无功 = "I";
```

```csharp
public string 中压线路投资 = "J";
public string 开闭所 = "K";
public string 环网柜 = "L";
public string 分段环网柜 = "M";
public string 联络环网柜 = "N";
public string 柱上开关 = "O";
public string 分段开关 = "P";
public string 联络开关 = "Q";
public string 电缆分支箱 = "R";
public string 开关投资 = "S";
public string 配电室台数 = "U";
public string 配电室容量 = "V";
public string 箱变台数 = "X";
public string 箱变容量 = "Y";
public string 柱上变台数 = "Z";
public string 柱上变容量 = "AA";
public string 非晶台数 = "AB";
public string 非晶容量 = "AC";
public string 配变无功 = "AD";
public string 配变投资 = "AE";
public string 低压架空条数 = "AF";
public string 低压架空长度 = "AG";
public string 低压架空投资 = "AH";
public string 低压电缆条数 = "AI";
public string 低压电缆长度 = "AJ";
public string 低压电缆投资 = "AK";
public string 户表 = "AL";
public string 户表投资 = "AN";
public string 总投资 = "AO";
public string 公司投资 = "AQ";
public string 投产年 = "AX";
```

```csharp
        public string 工程属性 = "BQ";
        public string 备注 = "BR";
}
class 改造 10kV 项目对应列
{
        public string 县域 = "A";
        public string 分区 = "B";
        public string 配变台数 = "F";
        public string 改造前容量 = "G";
        public string 改造后容量 = "H";
        public string 非晶台数 = "K";
        public string 非晶容量 = "L";
        public string 配变投资 = "M";
        public string 无功投资 = "P";
        public string 断路器 = "Q";
        public string 负荷开关 = "R";
        public string 环网柜 = "S";
        public string 电缆分支箱 = "T";
        public string 开关投资 = "U";
        public string 中压架空 = "V";
        public string 中压架空绝缘 = "W";
        public string 中压架空投资 = "X";
        public string 中压电缆 = "Y";
        public string 中压电缆投资 = "AA";
        public string 低压架空条数 = "AB";
        public string 低压架空长度 = "AC";
        public string 低压架空投资 = "AD";
        public string 低压电缆条数 = "AE";
        public string 低压电缆长度 = "AF";
        public string 低压电缆投资 = "AG";
        public string 户表 = "AH";
```

```
        public string 户表投资 = "AJ";
        public string 其他投资 = "AK";
        public string 总投资 = "AL";
        public string 公司投资 = "AN";
        public string 投产年 = "AU";
        public string 工程属性 = "BM";
        public string 备注 = "BN";
    }
}
```

5.1.2　项目清册检查

按照第 3 章分析的项目需求进行相应开发。

```
using System;
using System. Collections. Generic;
using System. Linq;
using System. Text;
using System. Threading. Tasks;
using Excel = Microsoft. Office. Interop. Excel;


namespace 规划工具箱
{
    class 项目清册检查
    {
        Excel. Application xapp = Globals. ThisAddIn. Application;

        项目清册通用定义 CommonD = new 项目清册通用定义();
        新建 110kV 项目对应列 N110 = new 新建 110kV 项目对应列();
        新建 35kV 项目对应列 N35 = new 新建 35kV 项目对应列();
        新建 10kV 项目对应列 N10 = new 新建 10kV 项目对应列();
        变电改造 110kV 项目对应列 SR110 = new 变电改造 110kV 项目对应列
();
```

变电改造 35kV 项目对应列 SR35 = new 变电改造 35kV 项目对应列();

线路改造 110kV 项目对应列 LR110 = new 线路改造 110kV 项目对应列();

线路改造 35kV 项目对应列 LR35 = new 线路改造 35kV 项目对应列();

改造 10kV 项目对应列 R10 = new 改造 10kV 项目对应列();

```csharp
public static int CNEnd，CREnd；

public void 清册检查()
{
    Excel. Workbook wbsProjectList = xapp. ActiveWorkbook；
    Excel. Worksheet N10sht = (Excel. Worksheet)wbsProjectList. Worksheets. get
_Item("10(20、6)kV 电网新建工程")；
    Excel. Worksheet R10sht = (Excel. Worksheet)wbsProjectList. Worksheets. get
_Item("10(20、6)kV 电网改造工程")；
    CNEnd = N10sht. UsedRange. Columns. Count＋1；
    CREnd = R10sht. UsedRange. Columns. Count ＋ 1；
    int i = 5；
    while (true)
    {
        Excel. Range rngs；
        rngs = (Excel. Range)N10sht. Cells[i,"A"]；
        string s1 = rngs. Value2 + ""；
        if (s1. Length == 0)
        {
            break；
        }
        ZoneCheck((Excel. Range)N10sht. Cells[i, N10. 分区])；
        VoltageCheck((Excel. Range)N10sht. Cells[i, "E"])；
        NlineCheck((Excel. Range)N10sht. Cells[i, N10. 中压架空])；
        NswitchCheck((Excel. Range)N10sht. Cells[i, N10. 开闭所])；
```

```
NtransformerCheck((Excel.Range)N10sht.Cells[i, "T"]);
N380JK((Excel.Range)N10sht.Cells[i, N10.低压架空长度]);
N380DL((Excel.Range)N10sht.Cells[i, N10.低压电缆长度]);
N380Meter((Excel.Range)N10sht.Cells[i, N10.户表]);
double k = RngToDouble((Excel.Range)N10sht.Cells[i, N10.
总投资]) - RngToDouble((Excel.Range)N10sht.Cells[i, N10.中压线路投资])
- RngToDouble((Excel.Range)N10sht.Cells[i, N10.配变投资]) - RngToDou-
ble((Excel.Range)N10sht.Cells[i, N10.开关投资]) - RngToDouble((Excel.
Range)N10sht.Cells[i, N10.户表投资]) - RngToDouble((Excel.Range)N10sht.
Cells[i, N10.低压架空投资]) - RngToDouble((Excel.Range)N10sht.Cells[i,
N10.低压电缆投资]);

if (Math.Abs(k)>0.01)
{
    Excel.Range rng;
    rng = (Excel.Range)N10sht.Cells[i, N10.总投资];
    rng.Interior.ColorIndex = 3;
}
InvestSort((Excel.Range)N10sht.Cells[i, "AP"]);
AssetCheck((Excel.Range)N10sht.Cells[i, "AW"]);
YearCheck((Excel.Range)N10sht.Cells[i, N10.投产年]);
PropertySortCheck((Excel.Range)N10sht.Cells[i, "AY"]);
SourcesCheck((Excel.Range)N10sht.Cells[i, "BI"]);
BuildCharacterCheck((Excel.Range)N10sht.Cells[i, "BJ"]);
PowerExCheck((Excel.Range)N10sht.Cells[i, "BN"]);
PropertyCheck10((Excel.Range)N10sht.Cells[i, N10.工程属性]);
IntCheck((Excel.Range)N10sht.Cells[i, N10.低压电缆条数]);
IntCheck((Excel.Range)N10sht.Cells[i, N10.低压架空条数]);
IntCheck((Excel.Range)N10sht.Cells[i, N10.电缆分支箱]);
IntCheck((Excel.Range)N10sht.Cells[i, N10.非晶台数]);
IntCheck((Excel.Range)N10sht.Cells[i, N10.分段环网柜]);
IntCheck((Excel.Range)N10sht.Cells[i, N10.分段开关]);
```

```
        IntCheck((Excel. Range)N10sht. Cells[i, N10. 户表]);

        IntCheck((Excel. Range)N10sht. Cells[i, N10. 环网柜]);

        IntCheck((Excel. Range)N10sht. Cells[i, N10. 开闭所]);

        IntCheck((Excel. Range)N10sht. Cells[i, N10. 联络环网柜]);

        IntCheck((Excel. Range)N10sht. Cells[i, N10. 联络开关]);

        IntCheck((Excel. Range)N10sht. Cells[i, N10. 配电室台数]);

        IntCheck((Excel. Range)N10sht. Cells[i, N10. 箱变台数]);

        IntCheck((Excel. Range)N10sht. Cells[i, N10. 柱上变台数]);

        IntCheck((Excel. Range)N10sht. Cells[i, N10. 柱上开关]);

        IntCheck((Excel. Range)N10sht. Cells[i, "T"]);

        IntCheck((Excel. Range)N10sht. Cells[i, "W"]);


        i++;

    }


    i = 5;
    while (true)
    {
        Excel. Range rngs;
        rngs = (Excel. Range)R10sht. Cells[i, "A"];
        string s1 = rngs. Value2 + "";
        if (s1. Length == 0)
        {
            break;
        }
        ZoneCheck((Excel. Range)R10sht. Cells[i, R10. 分区]);
        VoltageCheck((Excel. Range)R10sht. Cells[i, "E"]);
        RtransformerCheck((Excel. Range)R10sht. Cells[i, R10. 配变台
数]);

        RwgCheck((Excel. Range)R10sht. Cells[i, R10. 无功投资]);
        RswitchCheck((Excel. Range)R10sht. Cells[i, R10. 断路器]);
```

```
RLineJKCheck((Excel.Range)R10sht.Cells[i, R10.中压架空]);
RLineJKCheck((Excel.Range)R10sht.Cells[i, R10.中压电缆]);
R380JK((Excel.Range)R10sht.Cells[i, R10.低压架空条数]);
R380DL((Excel.Range)R10sht.Cells[i, R10.低压电缆条数]);
R380Meter((Excel.Range)R10sht.Cells[i, R10.户表]);
if (Math.Abs(RngToDouble((Excel.Range)R10sht.Cells[i, R10.总
投资]) — RngToDouble((Excel.Range)R10sht.Cells[i, R10.低压电缆投资]) —
RngToDouble((Excel.Range)R10sht.Cells[i, R10.低压架空投资]) — RngToDouble
((Excel.Range)R10sht.Cells[i, R10.户表投资]) — RngToDouble((Excel.Range)
R10sht.Cells[i, R10.开关投资]) — RngToDouble((Excel.Range)R10sht.Cells[i, R10.
配变投资]) — RngToDouble((Excel.Range)R10sht.Cells[i, R10.其他投资]) —
RngToDouble((Excel.Range)R10sht.Cells[i, R10.无功投资]) — RngToDouble((Ex-
cel.Range)R10sht.Cells[i, R10.中压电缆投资]) — RngToDouble((Excel.Range)
R10sht.Cells[i, R10.中压架空投资])) < 0.01)
            {
                Excel.Range rng;
                rng = (Excel.Range)R10sht.Cells[i, R10.总投资];
                rng.Interior.ColorIndex = 3;
            }
        InvestSort((Excel.Range)R10sht.Cells[i, "AM"]);
        AssetCheck((Excel.Range)R10sht.Cells[i, "AT"]);
        YearCheck((Excel.Range)R10sht.Cells[i, R10.投产年]);
        PropertySortCheck((Excel.Range)R10sht.Cells[i, "AV"]);
        BuildCharacterCheck((Excel.Range)R10sht.Cells[i, "BF"]);
        PowerExCheck((Excel.Range)R10sht.Cells[i, "BJ"]);
        PropertyCheck10((Excel.Range)R10sht.Cells[i, R10.工程属性]);

        IntCheck((Excel.Range)R10sht.Cells[i, R10.低压电缆条数]);
        IntCheck((Excel.Range)R10sht.Cells[i, R10.低压架空条数]);
        IntCheck((Excel.Range)R10sht.Cells[i, R10.电缆分支箱]);
        IntCheck((Excel.Range)R10sht.Cells[i, R10.断路器]);
```

```
        IntCheck((Excel. Range)R10sht. Cells[i, R10.非晶台数]);
        IntCheck((Excel. Range)R10sht. Cells[i, R10.负荷开关]);
        IntCheck((Excel. Range)R10sht. Cells[i, R10.户表]);
        IntCheck((Excel. Range)R10sht. Cells[i, R10.环网柜]);
        IntCheck((Excel. Range)R10sht. Cells[i, R10.配变台数]);
        IntCheck((Excel. Range)R10sht. Cells[i, "I"]);


        i++;
    }


    System. Windows. Forms. MessageBox. Show("清册检查完毕!");
}


//检查行政区划规范


//检查供电分区规范
public static void ZoneCheck(Excel. Range rng)
{
    bool flag = false;
    string s;
    s = rng. Text;
    switch (s)
    {
        case "A+":
        case "A":
        case "B":
        case "C":
        case "D":
        case "E":
            flag = true;
```

```
            break;
    }
    if (flag == false)
    {
        rng.Interior.ColorIndex = 3;
    }
}


//检查电压等级规范
public static void VoltageCheck(Excel.Range rng)
{
    bool flag = false;
    string s;
    s = rng.Text;
    switch (s)
    {
        case "110kV":
        case "66kV":
        case "35kV":
        case "20kV":
        case "10kV":
        case "6kV":
            flag = true;
            break;
    }
    if (flag == false)
    {
        rng.Interior.ColorIndex = 3;
    }
}
```

```
//检查 10kV 新建线路
public static void NlineCheck(Excel. Range rng)
{
    Excel. Range rng1，rng2；
    rng1 = rng. Offset[0，1];//电缆线路所在单元格
    rng2 = rng. Offset[0，4];//线路投资所在单元格
    if (RngToDouble(rng) + RngToDouble(rng1) + RngToDouble(rng2) !
= 0)//判断线路长度/投资是否全部为 0
    {
        if (RngToDouble(rng2) == 0)//判断投资是否为 0
        {
            rng2. Interior. ColorIndex = 3;
        }
        if (RngToDouble(rng) + RngToDouble(rng1) -= 0)//判断线
路长度是否为 0
        {
            rng. Interior. ColorIndex = 3;
            rng1. Interior. ColorIndex = 3;
        }
    }
}


//检查 10kV 新建开关设施
public static void NswitchCheck(Excel. Range rng)//rng 为开闭所
{
    Excel. Range rng1，rng2，rng3，rng4，rng5，rng6，rng7，rng8；
    rng1 = rng. Offset[0,1];//环网柜所在单元格
    rng2 = rng. Offset[0,2];//分段环网柜
    rng3 = rng. Offset[0,3];//联络环网柜
    rng4 = rng. Offset[0,4];//柱上开关
    rng5 = rng. Offset[0,5];//分段开关
```

```
rng6 = rng. Offset[0,6];//联络开关
rng7 = rng. Offset[0,7];//电缆分支箱
rng8 = rng. Offset[0,8];//开关投资
if (RngToDouble(rng) + RngToDouble(rng1) + RngToDouble(rng4) +
RngToDouble(rng7) + RngToDouble(rng8)！= 0)//判断开关/投资是否全部为 0
    {
        if (RngToDouble(rng8) == 0)//判断投资是否为 0
        {
            rng8. Interior. ColorIndex = 3;
        }
        if (RngToDouble(rng) + RngToDouble(rng1) + RngToDouble
(rng4) + RngToDouble(rng7) == 0)//判断开关设施是否全为 0
        {
            rng. Interior. ColorIndex = 3;
            rng1. Interior. ColorIndex = 3;
            rng4. Interior. ColorIndex = 3;
            rng7. Interior. ColorIndex = 3;
        }
        if (RngToDouble(rng1) - RngToDouble(rng2) - RngToDou-
ble(rng3) < 0)//判断分段＋联络环网柜是否超总和
        {
            rng1. Interior. ColorIndex = 3;
            rng2. Interior. ColorIndex = 3;
            rng3. Interior. ColorIndex = 3;
        }
        if (RngToDouble(rng4) - RngToDouble(rng5) - RngToDou-
ble(rng6) < 0)//判断分段＋联络柱上开关是否超总和
        {
            rng4. Interior. ColorIndex = 3;
            rng5. Interior. ColorIndex = 3;
            rng6. Interior. ColorIndex = 3;
```

```
            }
        }
    }
```

//检查 10kV 新建配变
public static void NtransformerCheck(Excel. Range rng)//配电室座数
{
　　Excel. Range rng1，rng2，rng3，rng4，rng5，rng6，rng7，rng8，rng9，rng11；
　　rng1 ＝ rng. Offset[0,1];//配电室台数
　　rng2 ＝ rng. Offset[0,2];//配电室容量
　　rng3 ＝ rng. Offset[0,3];//箱变座数
　　rng4 ＝ rng. Offset[0,4];//箱变台数
　　rng5 ＝ rng. Offset[0,5];//箱变容量
　　rng6 ＝ rng. Offset[0,6];//柱上变台数
　　rng7 ＝ rng. Offset[0,7];//柱上变容量
　　rng8 ＝ rng. Offset[0,8];//非晶合金台数
　　rng9 ＝ rng. Offset[0,9];//非晶合金容量
　　rng11 ＝ rng. Offset[0,11];//投资
　　if (RngToDouble(rng) ＋ RngToDouble(rng1) ＋ RngToDouble(rng2) ＋ RngToDouble(rng3) ＋ RngToDouble(rng4) ＋ RngToDouble(rng5) ＋ RngToDouble(rng6) ＋ RngToDouble(rng7) ＋ RngToDouble(rng8) ＋ RngToDouble(rng9) ＋ RngToDouble(rng11) ！＝ 0)//判断开关/投资是否全部为 0
　　　　{
　　　　　　if (RngToDouble(rng11) ＝＝ 0)//判断投资是否为 0
　　　　　　{
　　　　　　　　rng11. Interior. ColorIndex ＝ 3;
　　　　　　}
　　　　　　if (RngToDouble(rng) ＋ RngToDouble(rng1) ＋ RngToDouble(rng2) ＋ RngToDouble(rng3) ＋ RngToDouble(rng4) ＋ RngToDouble(rng5) ＋ RngToDouble(rng6) ＋ RngToDouble(rng7) ＋ RngToDouble(rng8) ＋ RngToDouble(rng9) ＝＝ 0)//判断是否全为 0

61

```
                {
                    rng. Interior. ColorIndex = 3;
                    rng1. Interior. ColorIndex = 3;
                    rng2. Interior. ColorIndex = 3;
                    rng3. Interior. ColorIndex = 3;
                    rng4. Interior. ColorIndex = 3;
                    rng5. Interior. ColorIndex = 3;
                    rng6. Interior. ColorIndex = 3;
                    rng7. Interior. ColorIndex = 3;
                    rng8. Interior. ColorIndex = 3;
                    rng9. Interior. ColorIndex = 3;
                }
        if (RngToDouble(rng) + RngToDouble(rng1) + RngToDouble
(rng2) ! = 0)//判断配电室是否存在
                {
                    if (RngToDouble(rng) == 0)
                    {
                        rng. Interior. ColorIndex = 3;
                    }
                    if (RngToDouble(rng1) == 0)
                    {
                        rng1. Interior. ColorIndex = 3;
                    }
                    else
                    {
                        if (RngToDouble(rng2) / RngToDouble(rng1) < 50)
                        {
                            rng2. Interior. ColorIndex = 3;
                        }
                    }
                }
```

```
if (RngToDouble(rng3) + RngToDouble(rng4) + RngToDou-
ble(rng5)！= 0)//判断箱变是否存在
    {
        if (RngToDouble(rng3) == 0)
        {
            rng3. Interior. ColorIndex = 3;
        }
        if (RngToDouble(rng4) == 0)
        {
            rng4. Interior. ColorIndex = 3;
        }
        else
        {
            if (RngToDouble(rng5) / RngToDouble(rng4) < 50)
            {
                rng5. Interior. ColorIndex = 3;
            }
        }
    }
if (RngToDouble(rng6) + RngToDouble(rng7)！= 0)//判断
柱上变是否存在
    {
        if (RngToDouble(rng6) == 0)
        {
            rng6. Interior. ColorIndex = 3;
        }
        else
        {
```

```
            if (RngToDouble(rng7) / RngToDouble(rng6) < 50)

            {

                    rng7. Interior. ColorIndex = 3;

            }

        }

        if (RngToDouble(rng8) + RngToDouble(rng9) ! = 0)//
判断非晶合金柱上变是否存在
        {
            if (RngToDouble(rng8) == 0)
            {
                    rng8. Interior. ColorIndex = 3;
            }
            else
            {
                    if (RngToDouble(rng9) / RngToDouble(rng8) <
50)
                    {
                            rng9. Interior. ColorIndex = 3;
                    }
                }
            }
        }
    }
}


//检查低压新建架空
public static void N380JK(Excel. Range rng)//rng 低压架空长度
{
    Excel. Range rng1;
```

```
        rng1 = rng. Offset[0, 1];
        if (RngToDouble(rng) + RngToDouble(rng1) ! = 0)
        {
            if (RngToDouble(rng1) == 0)
            {
                rng1. Interior. ColorIndex = 3;
            }
            if (RngToDouble(rng) == 0)
            {
                rng. Interior. ColorIndex = 3;
            }
        }
    }


    //检查低压新建电缆
    public static void N380DL(Excel. Range rng)//rng 低压电缆长度
    {
        Excel. Range rng1;
        rng1 = rng. Offset[0,1];
        if (RngToDouble(rng) + RngToDouble(rng1) ! = 0)
        {
            if (RngToDouble(rng1) == 0)
            {
                rng1. Interior. ColorIndex = 3;
            }
            if (RngToDouble(rng) == 0)
            {
                rng. Interior. ColorIndex = 3;
            }
```

```
            }
        }


    //检查低压新建户表
    public static void N380Meter(Excel. Range rng)//低压户表数
{

    Excel. Range rng1, rng2;
    rng1 = rng. Offset[0, 1];
    rng2 = rng. Offset[0, 2];
    if (RngToDouble(rng) + RngToDouble(rng1) + RngToDouble(rng2) ! =
0)

    {

        if (RngToDouble(rng2) == 0)

        {

            rng2. Interior. ColorIndex = 3;

        }

        if (RngToDouble(rng) + RngToDouble(rng1) == 0)

        {

            rng. Interior. ColorIndex = 3;

            rng1. Interior. ColorIndex = 3;

        }

    }

}


//检查 10kV 改造配变
public static void RtransformerCheck(Excel. Range rng)//rng 配变改造台数
{

    Excel. Range rng1, rng2, rng3, rng4, rng5, rng6, rng7;
    rng1 = rng. Offset[0, 1];//改造前容量
    rng2 = rng. Offset[0, 2];//改造后容量
    rng3 = rng. Offset[0, 3];//高损变台数
```

```
rng4 = rng.Offset[0，4];//高损变容量
rng5 = rng.Offset[0，5];//非晶合金台数
rng6 = rng.Offset[0，6];//非晶合金容量
rng7 = rng.Offset[0，7];//投资
    if (RngToDouble(rng) + RngToDouble(rng1) + RngToDouble(rng2) +
RngToDouble(rng3) + RngToDouble(rng4) + RngToDouble(rng5) +
RngToDouble(rng6) + RngToDouble(rng7)！= 0)//判断配变/投资是否全部为0
    {
        if (RngToDouble(rng7) == 0)//判断投资是否为0
        {
            rng7.Interior.ColorIndex = 3;
        }
        if (RngToDouble(rng) == 0)
        {
            rng.Interior.ColorIndex = 3;
        }
        else
        {
            if (RngToDouble(rng1) / RngToDouble(rng) < 10)
            {
                rng1.Interior.ColorIndex = 3;
            }
            if (RngToDouble(rng2) / RngToDouble(rng) < 50)
            {
                rng1.Interior.ColorIndex = 3;
            }
        }
        if (RngToDouble(rng3) == 0)
        {
            if (RngToDouble(rng4)！= 0)
            {
```

```
        rng3. Interior. ColorIndex = 3;
        rng4. Interior. ColorIndex = 3;
    }
}
else
{
    if (RngToDouble(rng) - RngToDouble(rng3) < 0)
    {
        rng3. Interior. ColorIndex = 3;
    }
    if (RngToDouble(rng2) - RngToDouble(rng4) < 0)
    {
        rng4. Interior. ColorIndex = 3;
    }
    if (RngToDouble(rng4) / RngToDouble(rng3) < 50)
    {
        rng4. Interior. ColorIndex = 3;
    }
}
if (RngToDouble(rng5) == 0)
{
    if (RngToDouble(rng6) ! = 0)
    {
        rng6. Interior. ColorIndex = 3;
    }
}
else
{
    if (RngToDouble(rng) - RngToDouble(rng5) < 0)
    {
        rng5. Interior. ColorIndex = 3;
```

```
          }
       if (RngToDouble(rng2) － RngToDouble(rng6) ＜ 0)
       {
          rng6. Interior. ColorIndex ＝ 3；
       }
       if (RngToDouble(rng6) / RngToDouble(rng5) ＜ 50)
       {
          rng6. Interior. ColorIndex ＝ 3；
       }
     }


   }
}


//检查无功改造,初始单元格为投资
public static void RwgCheck(Excel. Range rng)
{
   Excel. Range rng1，rng2；
   rng1 ＝ rng. Offset[0，－1]；
   rng2 ＝ rng. Offset[0，－2]；
   if (RngToDouble(rng) ＋ RngToDouble(rng1) ＋ RngToDouble(rng2) ！＝ 0)
   {
     if (RngToDouble(rng) ＝＝ 0)
     {
        rng. Interior. ColorIndex ＝ 3；
     }
     if (RngToDouble(rng1) ＝＝ 0)
     {
        rng1. Interior. ColorIndex ＝ 3；
     }
     if (RngToDouble(rng2) ＝＝ 0)
```

```
        {
            rng2. Interior. ColorIndex = 3;
        }
    }
}


//检查开关改造,初始单元格为断路器
public static void RswitchCheck(Excel. Range rng)
{
    Excel. Range rng1,rng2,rng3,rng4;
    rng1 = rng. Offset[0, 1];
    rng2 = rng. Offset[0, 2];
    rng3 = rng. Offset[0, 3];
    rng4 = rng. Offset[0, 4];
    if (RngToDouble(rng) + RngToDouble(rng1) + RngToDouble(rng2) +
RngToDouble(rng3) + RngToDouble(rng4) ! = 0)
    {
        if (RngToDouble(rng4) == 0)
        {
            rng4. Interior. ColorIndex = 3;
        }
        if (RngToDouble(rng) + RngToDouble(rng1) + RngToDouble(rng2) +
RngToDouble(rng3) == 0)
        {
            rng. Interior. ColorIndex = 3;
            rng1. Interior. ColorIndex = 3;
            rng2. Interior. ColorIndex = 3;
            rng3. Interior. ColorIndex = 3;
        }
    }
}
```

```csharp
//检查架空线路改造,初始单元格为架空线路长度
public static void RLineJKCheck(Excel. Range rng)
{
    Excel. Range rng1, rng2;
    rng1 = rng. Offset[0, 1];
    rng2 = rng. Offset[0, 2];
    if (RngToDouble(rng) + RngToDouble(rng2) ! = 0)
    {
        if (RngToDouble(rng2) == 0)
        {
            rng2. Interior. ColorIndex = 3;
        }
        if (RngToDouble(rng) == 0)
        {
            rng. Interior. ColorIndex = 3;
        }
        else
        {
            if (RngToDouble(rng) - RngToDouble(rng1) < 0)
            {
                rng1. Interior. ColorIndex = 3;
            }
        }
    }
}


//检查电缆线路改造,初始单元格为电缆线路长度
public static void RLineDLCheck(Excel. Range rng)
{
    Excel. Range rng1, rng2;
```

```
rng1 = rng. Offset[0, 1];
rng2 = rng. Offset[0, 2];
if (RngToDouble(rng) + RngToDouble(rng1) + RngToDouble(rng2) ! =
0)
    {
      if (RngToDouble(rng2) == 0)
      {
        rng2. Interior. ColorIndex = 3;
      }
      if (RngToDouble(rng) + RngToDouble(rng1) == 0)
      {
        rng. Interior. ColorIndex = 3;
        rng1. Interior. ColorIndex = 3;
      }
    }
}


//检查低压改造架空
public static void R380JK(Excel. Range rng)
{
    Excel. Range rng1;
    rng1 = rng. Offset[0, 1];
    if (RngToDouble(rng) + RngToDouble(rng1) ! = 0)
    {
      if (RngToDouble(rng1) == 0)
      {
        rng1. Interior. ColorIndex = 3;
      }
      if (RngToDouble(rng) == 0)
      {
        rng. Interior. ColorIndex = 3;
```

```
        }
    }
}
```

//检查低压改造电缆
```
public static void R380DL(Excel. Range rng)
{
    Excel. Range rng1;
    rng1 = rng. Offset[0, 1];
    if (RngToDouble(rng) + RngToDouble(rng1) ! = 0)
    {
        if (RngToDouble(rng1) == 0)
        {
            rng1. Interior. ColorIndex = 3;
        }
        if (RngToDouble(rng) == 0)
        {
            rng. Interior. ColorIndex = 3;
        }
    }
}
```

//检查低压改造户表
```
public static void R380Meter(Excel. Range rng)
{
    Excel. Range rng1, rng2;
    rng1 = rng. Offset[0, 1];
    rng2 = rng. Offset[0, 2];
    if (RngToDouble(rng) + RngToDouble(rng1) + RngToDouble(rng2) ! =
0)
    {
```

```
    if (RngToDouble(rng2) == 0)
    {
      rng2. Interior. ColorIndex = 3；
    }
    if (RngToDouble(rng) + RngToDouble(rng1) == 0)
    {
      rng. Interior. ColorIndex = 3；
      rng1. Interior. ColorIndex = 3；
    }
  }
}


//检查 10kV 投资类别
public static void InvestSort(Excel. Range rng)
{
  Excel. Range rng1，rng2，rng3，rng4，rng5，rng6；
  rng1 = rng. Offset[0，1]；
  rng2 = rng. Offset[0，2]；
  rng3 = rng. Offset[0，3]；
  rng4 = rng. Offset[0，4]；
  rng5 = rng. Offset[0，5]；
  rng6 = rng. Offset[0，6]；
  if (RngToDouble(rng) + RngToDouble(rng1) + RngToDouble(rng2) +
RngToDouble ( rng3 ) + RngToDouble ( rng4 ) + RngToDouble ( rng5 ) +
RngToDouble(rng6) ! = 100)
    {
      rng. Interior. ColorIndex = 3；
      rng1. Interior. ColorIndex = 3；
      rng2. Interior. ColorIndex = 3；
      rng3. Interior. ColorIndex = 3；
      rng4. Interior. ColorIndex = 3；
```

```
        rng5. Interior. ColorIndex = 3;
        rng6. Interior. ColorIndex = 3;
    }
}


//检查投产年
public static void YearCheck(Excel. Range rng)
{
    int k = 0;
    bool flag = false;
    string s = rng. Text;
    if (s. Length ! = 0)
    {
        if (int. TryParse(s，out k))
        {
            if (k >= 项目清册通用定义. YearStart && k <= 项目清册通用定义.
YearEnd)
            {
                flag = true;
            }
        }
    }
    if (flag == false)
    {
        rng. Interior. ColorIndex = 3;
    }
}


//检查工程属性排序
public static void PropertySortCheck(Excel. Range rng)//rng 为工程属性 1
{
```

```
Excel. Range rng1, rng2, rng3, rng4, rng5, rng6, rng7, rng8, rng9;
rng1 = rng. Offset[0, 1];
rng2 = rng. Offset[0, 2];
rng3 = rng. Offset[0, 3];
rng4 = rng. Offset[0, 4];
rng5 = rng. Offset[0, 5];
rng6 = rng. Offset[0, 6];
rng7 = rng. Offset[0, 7];
rng8 = rng. Offset[0, 8];
rng9 = rng. Offset[0, 9];
if (RngToDouble(rng) + RngToDouble(rng1) + RngToDouble(rng2) +
RngToDouble(rng3) + RngToDouble(rng4) + RngToDouble(rng5) +
RngToDouble(rng6) + RngToDouble(rng7) + RngToDouble(rng8) +
RngToDouble(rng9) == 0)
    {
    rng. Interior. ColorIndex = 3;
    rng1. Interior. ColorIndex = 3;
    rng2. Interior. ColorIndex = 3;
    rng3. Interior. ColorIndex = 3;
    rng4. Interior. ColorIndex = 3;
    rng5. Interior. ColorIndex = 3;
    rng6. Interior. ColorIndex = 3;
    rng7. Interior. ColorIndex = 3;
    rng8. Interior. ColorIndex = 3;
    rng9. Interior. ColorIndex = 3;
    }
  }


//检查建设类型规范
public static void TypeCheck(Excel. Range rng)
  {
```

```
    bool flag = false;
    string s = rng. Text;
    switch (s)
    {
      case "新建":
      case "扩建":
        flag = true;
        break;
    }
    if (flag == false)
    {
      rng. Interior. ColorIndex = 3;
    }
}
```

//检查建设性质规范

```
public static void BuildCharacterCheck(Excel. Range rng)//rng 为是否农网项
目单元格
{
    bool flag1 = false;
    bool flag2 = false;
    bool flag3 = false;
    Excel. Range rng1，rng2，rng3;
    rng1 = rng. Offset[0，1];
    rng2 = rng. Offset[0，2];
    rng3 = rng. Offset[0，3];
    string s，s1，s2，s3;
    s = rng. Text;
    s1 = rng1. Text;
    s2 = rng2. Text;
    s3 = rng3. Text;
```

```
if (s == "是")
{
    switch (s1)
    {
        case "′井井通电′工程":
        case "村村通动力电":
        case "小城镇(中心村)电网改造升级":
        case "光伏扶贫项目接网工程":
        case "西藏、新疆以及川、甘、青三省藏区":
        case "西部地区农网":
        case "东中部贫困地区农网":
        case "东中部非贫困地区农网":
            flag1 = true;
            break;
    }
    if (! flag1)
    {
        rng1. Interior. ColorIndex = 3;
    }
    switch (s2)
    {
        case "贫困县农网工程":
        case "小康电示范县农网工程":
        case "常规县农网工程":
            flag2 = true;
            break;
    }
    if (! flag2)
    {
        rng2. Interior. ColorIndex = 3;
    }
```

```
switch (s3)
{
    case "涉及贫困村"：
    case "不涉及贫困村"：
        flag3 ＝ true;
        break；
}
if (flag3 ＝＝ false)
{
    rng3. Interior. ColorIndex ＝ 3；
}
}
else if (s ＝＝ "否")
{
    if (s1. Length ！ ＝ 0)
    {
        rng1. Interior. ColorIndex ＝ 3；
    }
    if (s2. Length ！ ＝ 0)
    {
        rng2. Interior. ColorIndex ＝ 3；
    }
    if (s3. Length ！ ＝ 0)
    {
        rng3. Interior. ColorIndex ＝ 3；
    }
}
else
{
    rng. Interior. ColorIndex ＝ 3；
}
```

```
    }


//检查电源送出类别
public static void SourcesCheck(Excel.Range rng)
{
    bool flag = false;
    string s;
    s = rng.Text;
    if (s.Length != 0)
    {
        switch (s)
        {
            case "水电\一般水电":
            case "水电\抽水蓄能":
            case "火电\燃煤机组":
            case "火电\燃油机组":
            case "风电":
            case "核电":
            case "火电\燃气机组\天然气冷热电三联供":
            case "火电\燃气机组\沼气发电":
            case "火电\燃气机组\煤层气":
            case "火电\余热余压余气发电":
            case "火电\垃圾发电":
            case "火电\农林生物质发电":
            case "太阳能\光伏发电":
            case "太阳能\光热发电":
            case "地热能":
            case "海洋能":
            case "储能":
            case "其他":
                flag = true;
```

```
                break；
        }
    }
    else
    {
        flag = true；
    }

    if (flag == false)
    {
        rng. Interior. ColorIndex = 3；
    }
}


//检查工程属性规范
public static void PropertyCheck10(Excel. Range rng)
{
    bool flag = false；
    string s；
    s = rng. Text；
    switch (s)
    {
        case "满足新增负荷供电要求"：
        case "变电站配套送出"：
        case "解决低电压台区"：
        case "解决卡脖子"：
        case "解决设备重载、过载"：
        case "消除设备安全隐患"：
        case "加强网架结构"：
        case "分布式电源接入"：
        case "无电地区供电"：
```

```
      case "其他":
        flag = true;
        break;
    }
    if (flag == false)
    {
      rng.Interior.ColorIndex = 3;
    }
}


//检查资产性质规范
public static void AssetCheck(Excel.Range rng)
{
    bool flag = false;
    string s;
    s = rng.Text;
    switch (s)
    {
      case "全资":
      case "控股":
      case "参股":
      case "代管":
        flag = true;
        break;
    }
    if (flag == false)
    {
      rng.Interior.ColorIndex = 3;
    }
}
```

//检查业扩属性规范

```
public static void PowerExCheck(Excel. Range rng)
{
    string s，s1，s2；
    Excel. Range rng1，rng2；
    rng1 = rng. Offset[0，1]；
    rng2 = rng. Offset[0，2]；
    s = rng. Text；
    s1 = rng1. Text；
    s2 = rng2. Text；
    if (s == "是")
    {
        if (s1 == "")
        {
            rng1. Interior. ColorIndex = 3；
        }
        if (s2 == "")
        {
            rng2. Interior. ColorIndex = 3；
        }
    }
    else if (s == "否")
    {
        if (s1 ! = "")
        {
            rng1. Interior. ColorIndex = 3；
        }
        if (s2 ! = "")
        {
            rng2. Interior. ColorIndex = 3；
        }
```

```
    }
    else
    {
        rng. Interior. ColorIndex = 3;
    }
}


//检查是否是整数
public static void IntCheck(Excel. Range rng)
{
    double k;
    k = RngToDouble(rng);
    if (k - Math. Round(k, 0) ! = 0)
    {
        rng. Interior. ColorIndex = 3;
    }
}


//单元格转数字
public static double RngToDouble(Excel. Range rng)
{
    double result = 0.0;
    bool k;
    if (rng. Value2 ! = null)
    {
        if (rng. Value2 is double)
        {
            result = rng. Value2;
        }
        else
        {
```

```
            k = double. TryParse(rng. Value2，out result)；
        }
    }
    return result；
}
}
```

5.2　电网项目自动统计规模实现

5.2.1　通用方法

在项目计算中涉及单元格内容转数值,数字转成向相应列等不同操作,在本节中统一定义,避免代码的冗余。

```
        using System；
using System. Collections. Generic；
using System. Linq；
using System. Text；
using System. Threading. Tasks；
using Excel = Microsoft. Office. Interop. Excel；
        namespace 规划工具箱
{
    class CommonFunction
    {
    //计算表格表头的行数,如果无标题,返回0;否则返回标题最后行数
    public static int TitleRowsNum(Excel. Worksheet sht)
    {
        int result = 0；
        Excel. Range rngs = (Excel. Range)sht. UsedRange；
        int CStart = rngs. Column；//已用单元格的起始列
        int RStart = rngs. Row；//已用单元格的起始行
        int CNum = rngs. Columns. Count；
        int RNum = rngs. Rows. Count；
```

```
    int NumNotBlank = 0;//非空单元格个数
    int CNotBlank = 0;//非空单元格所在列数
    for (int temp = CStart; temp < CStart + CNum + 1; temp++)
    {
      Excel. Range rng = sht. Cells[RStart, temp];
      if (rng. Text. Length ! = 0)
      {
        NumNotBlank++;
        CNotBlank = temp;
      }
    }
    if (NumNotBlank == 1)
    {
      Excel. Range rng1 = sht. Cells[RStart, CNotBlank];
      result = RStart + rng1. MergeArea. Rows. Count - 1;
    }
    return result;
}


//整数转换为列
public static string IntToColumn(int a)
{
    string result = "";
    string c1 = "", c0 = "";
    int i1, i0;
    i1 = a / 26;
    i0 = a % 26;
    if (i1 ! = 0)
    {
      c1 = "" + Convert. ToChar(i1 + 64);
    }
```

```
        if (a ! = 0)
        {
            if (i0 ! = 0)
            {
                c0 = "" + Convert. ToChar(i0 + 64);
            }
            else
            {
                c0 = "Z";
            }
        }
        result = "" + c1 + c0;
        return result;
    }


    //计算表格标题
    public static int HeadLineNum(Excel. Worksheet sht)
    {
        int result = 1;
        int i = TitleRowsNum(sht) + 1;
        Excel. Range rngs = sht. UsedRange;
        int k = 1;
        for (int t = rngs. Column; t < rngs. Column + rngs. Columns. Count;
t++)
        {
            if (sht. Cells[i, t]. MergeCells == true)
            {
                if (k < sht. Cells[i, t]. MergeArea. Rows. Count)
                {
                    k = sht. Cells[i, t]. MergeArea. Rows. Count;
                }
```

```
        }
    }
    result = i + k - 1;
    return result;
}


//字符串包含关系严格分析
public static bool ShortInLong(string sLong, string sShort)
{
    bool result = false;
    if (sLong. IndexOf(sShort) > -1)
    {
        string temp1, temp2;
        int k1 = sLong. IndexOf(sShort) + sShort. Length;
        int k2 = sLong. IndexOf(sShort) - 1;
        if (k2 == -1)
        {
            if (k1 < sLong. Length)
            {
                temp1 = Convert. ToString(sLong[k1]);
                int n = 0;
                if (int. TryParse(temp1, out n) ! = true)
                {
                    result = true;
                }
            }
            else
            {
                result = true;
            }
        }
```

```
            else
            {
                if (k1 < sLong. Length)
                {
                    temp1 = Convert. ToString(sLong[k1]);
                    temp2 = Convert. ToString(sLong[k2]);
                    int n1 = 0, n2 = 0;
                    if (int. TryParse(temp1, out n1) ! = true && int. TryParse
(temp2, out n2) ! = true)
                    {
                        result = true;
                    }
                }
                else
                {
                    temp2 = Convert. ToString(sLong[k2]);
                    int n = 0;
                    if (int. TryParse(temp2, out n) ! = true)
                    {
                        result = true;
                    }
                }
            }

        }
    return result;
}


//字符转成 ASCII 码
public static int Asc(string character)
{
```

```
        if (character. Length == 1)
        {
            System. Text. ASCIIEncoding asciiEncoding = new System. Text.
ASCIIEncoding();
            int intAsciiCode = (int)asciiEncoding. GetBytes(character)[0];
            return (intAsciiCode);
        }
        else
        {
            return -1; //长度小于 1
        }
    }


    public static int Asc(char character)
    {
        System. Text. ASCIIEncoding asciiEncoding = new System. Text.
ASCIIEncoding();
        int intAsciiCode = (int)asciiEncoding. GetBytes(character. ToString())
[0];
        return (intAsciiCode);
    }


    public static bool JudgeCR(string s)//判断是否正确的单元格地址,支
持 AZ123
    {
        bool result = true;
        if (s. Length >= 2)
        {
            s = s. ToUpper();
            if (Asc(s[0]) <= 90 && Asc(s[0]) >= 65)
            {
```

```
if (Asc(s[1]) <= 90 && Asc(s[1]) >= 65)
{
    string s1 = s.Substring(2);
    int a = 0;
    if (! int.TryParse(s1, out a))
    {
        result = false;
    }
}
else
{
    string s1 = s.Substring(1);
    int a = 0;
    if (! int.TryParse(s1, out a))
    {
        result = false;
    }
}
}
else
{
    result = false;
}
}
else
{
    result = false;
}

return result;
}
```

```
public static int RowInString(string s)//提取字符串中的行
{
    int result = 0;
    s = s.ToUpper();
    if (JudgeCR(s))
    {
        if (Asc(s[1]) <= 90 && Asc(s[1]) >= 65)
        {
            string s1 = s.Substring(2);
            result = int.Parse(s1);
        }
        else
        {
            string s1 = s.Substring(1);
            result = int.Parse(s1);
        }
    }
    return result;
}


public static int ColumnInString(string s)//提取字符串中的列
{
    int result = 0;
    s = s.ToUpper();
    int i0 = Asc(s[0]) - 64;
    int i1 = Asc(s[1]) - 64;
    if (JudgeCR(s))
    {
        if (i1 <= 26 && i1 >= 1)
        {
```

```
                result = i0 * 26 + i1;
            }
            else
            {
                result = i0;
            }
        }
        return result;
    }


//单元格转数字
public static double RngToDouble(Excel. Range rng)
{
    double result = 0.0;
    bool k;
    if (rng. Value2 ! = null)
    {
        if (rng. Value2 is double)
        {
            result = rng. Value2;
        }
        else
        {
            k = double. TryParse(rng. Value2, out result);
        }
    }
    return result;
    }
  }
}
```

5.2.2 110 kV 电网项目计算

在计算前期,需调用项目清册对应列文件中的相应列定义,以更方便计算。

Excel. Application xapp ＝ Globals. ThisAddIn. Application;

新建 110kV 项目对应列 N110 ＝ new 新建 110kV 项目对应列();

新建 35kV 项目对应列 N35 ＝ new 新建 35kV 项目对应列();

新建 10kV 项目对应列 N10 ＝ new 新建 10kV 项目对应列();

变电改造 110kV 项目对应列 SR110 ＝ new 变电改造 110kV 项目对应列();

变电改造 35kV 项目对应列 SR35 ＝ new 变电改造 35kV 项目对应列();

线路改造 110kV 项目对应列 LR110 ＝ new 线路改造 110kV 项目对应列();

线路改造 35kV 项目对应列 LR35 ＝ new 线路改造 35kV 项目对应列();

改造 10kV 项目对应列 R10 ＝ new 改造 10kV 项目对应列();

public static string settingPath ＝ @"D:\Excel 插件\setting. xml";

public void 电网 110kV()

　　{

　　　　♯region 调取自定义的市区名称

　　　　XmlDocument xmlDoc ＝ new XmlDocument();

　　　　xmlDoc. Load(settingPath);

　　　　XmlNode xnRoot ＝ xmlDoc. SelectSingleNode("/root");

　　　　int n ＝ 0;

　　　　int m ＝ 0;

　　　　foreach (XmlNode xn in xnRoot. ChildNodes)

　　　　{

　　　　　if (xn. Name ＝＝ "city")

　　　　　{

　　　　　　n ＝ n ＋ 1;

　　　　　}

　　　　}

　　　　string[] CityName ＝ new string[n];

```
foreach (XmlNode xn in xnRoot.ChildNodes)
{
    if (xn.Name == "city")
    {
        CityName[m] = xn.InnerText;
        CityName[m] = Regex.Replace(CityName[m], @"[\r\n]", "");//去除换行符
        m = m + 1;
    }
}
#endregion


#region 定义需写入的目标表格
Excel.Workbook wbd = xapp.ActiveWorkbook;
Excel.Worksheet shta62 = (Excel.Worksheet)wbd.Worksheets.get_Item("6-2");
Excel.Worksheet shta63 = (Excel.Worksheet)wbd.Worksheets.get_Item("6-3");
Excel.Worksheet shta64 = (Excel.Worksheet)wbd.Worksheets.get_Item("6-4");
Excel.Worksheet shta65 = (Excel.Worksheet)wbd.Worksheets.get_Item("6-5");
Excel.Worksheet shta152 = (Excel.Worksheet)wbd.Worksheets.get_Item("15-2");
Excel.Worksheet shta153 = (Excel.Worksheet)wbd.Worksheets.get_Item("15-3");
Excel.Worksheet shta154 = (Excel.Worksheet)wbd.Worksheets.get_Item("15-4");
Excel.Worksheet shta155 = (Excel.Worksheet)wbd.Worksheets.get_Item("15-5");
#endregion
```

```csharp
#region 打开项目清册
MessageBox. Show("请打开项目清册");
string fileNameProjectList;
fileNameProjectList = "";
OpenFileDialog fd = new OpenFileDialog();
fd. Filter = "EXCEL 文件|*.xls;*.xlsx;*.xlsm";
if (fd. ShowDialog() == DialogResult. OK)
{
    fileNameProjectList = fd. FileName;
}
else
{
    MessageBox. Show("未打开项目清册,退出计算!");
    return;
}


    Excel. Workbook wbsProjectList = xapp. Workbooks. Open
(fileNameProjectList);
    Excel. Worksheet N110sht = (Excel. Worksheet)wbsProjectList. Work-
sheets. get_Item("110(66)kV 新扩建工程");
    Excel. Worksheet SR110sht = (Excel. Worksheet) wbsProjectList.
Worksheets. get_Item("110(66)kV 变电站改造工程");
    Excel. Worksheet LR110sht = (Excel. Worksheet) wbsProjectList.
Worksheets. get_Item("110(66)kV 线路改造工程");
    #endregion


    #region 变量定义
    //1~9 分区;1~8 为年份,1 对应第一年;3 分别对应新建、扩建、改造
    double[,,] Substation = new double[9, 8, 3];//变电站
    double[,,] Transformer = new double[9, 8, 3];//变压器
```

```csharp
double[,,] Caption = new double[9，8，3];//容量
double[,,] CaptionJZ = new double[9，8，3];//净增容量
double[,,] Space = new double[9，8，3];//10kV 间隔
double[,,] LineNum = new double[9，8，3];//线路条数
double[,,] LengthJK = new double[9，8，3];//架空长度
double[,,] LengthDL = new double[9，8，3];//电缆长度
double[,,] InvestSub = new double[9，8，3];//变电投资
double[,,] InvestLine = new double[9，8，3];//线路投资
double[,,] InvestTotal = new double[9，8，3];//总投资


//按工程属性分类汇总
double[,,,] SumSort = new double[2，7，8，8];//[2,7,8,8]对应市
区/县域、子分类、年份、工程属性
double[,,] InvestSort = new double[2，8，8];//[2,8,8]对应市区/县
域、年份、工程属性
//工程属性统计的行数
int[] PrefNum = new int[8] { 7，6，6，4，4，4，7，7 };
//工程属性统计值写入的行数，1 市区，2 县域
int[,] p = new int[2，8] { { 10，4，17，23，27，31，0，35 }，{ 11，18，
24，30，34，38，4，42 } };


int i;
Excel. Range rngBlank，rngType，rngYear，rngPref，rngZone，rngCounty;
int FlagCounty;
string sBlank;//sBlank 判断是否为空
int Zone，Year，Pref，Type;
#endregion


#region 统计 110kV 新建量
i = 5;
while (true)
```

```
        {
            rngBlank = (Excel. Range)N110sht. Cells[i, 1];
            sBlank = rngBlank. Text. ToString();
            if (sBlank. Length == 0)
            {
                break;
            }
            else
            {
                FlagCounty = 1;
                rngType = (Excel. Range)N110sht. Cells[i, N110. 建设类型];
                rngYear = (Excel. Range)N110sht. Cells[i, N110. 投产年];
                rngCounty = (Excel. Range)N110sht. Cells[i, N110. 县域];
                rngZone = (Excel. Range)N110sht. Cells[i, N110. 分区];
                rngPref = (Excel. Range)N110sht. Cells[i, N110. 工程属性];

                Zone = ZoneRngToInt(rngZone. Text);
                Year = int. Parse(rngYear. Text) - 2016;
                Type = Type110(rngType. Text);
                Pref = prefRngToInt(rngPref. Text);

                #region 市区
                if (StrHasArr(rngCounty. Text, CityName))
                {
                    FlagCounty = 0;
                    if (RngToDouble((Excel. Range)N110sht. Cells[i, N110. 主变台
数]) != 0)
                    {
                        Substation[0, Year, Type] += 1;
                    }
                        Transformer[0, Year, Type] += RngToDouble((Excel.
```

Range)N110sht. Cells[i，N110. 主变台数]);//统计变电站/变压器

Caption[0，Year，Type] += RngToDouble((Excel. Range) N110sht. Cells[i，N110. 主变容量]);//统计容量

Space[0，Year，Type] += RngToDouble((Excel. Range) N110sht. Cells[i，N110. 间隔]);//统计 10kV 间隔

LineNum[0，Year，Type] += RngToDouble((Excel. Range) N110sht. Cells[i，N110. 线路条数]);//统计线路条数

LengthJK[0，Year，Type] += RngToDouble((Excel. Range) N110sht. Cells[i，N110. 架空长度]);//统计架空线路长度

LengthDL[0，Year，Type] += RngToDouble((Excel. Range) N110sht. Cells[i，N110. 电缆长度]);//统计电缆线路长度

InvestSub[0，Year，Type] += RngToDouble((Excel. Range) N110sht. Cells[i，N110. 变电投资]);//统计变电投资

InvestLine[0，Year，Type] += RngToDouble((Excel. Range) N110sht. Cells[i，N110. 线路投资]);//统计线路投资

InvestTotal[0，Year，Type] += RngToDouble((Excel. Range) N110sht. Cells[i，N110. 总投资]);//统计总投资

}

#endregion

#region B、C、D 区计算
//rngTemp=(Excel. Range)N110sht. Cells[i，N110. 主变台数];
if (RngToDouble((Excel. Range)N110sht. Cells[i，N110. 主变台数]) != 0)

{

Substation[Zone，Year，Type] += 1;
SumSort[FlagCounty，0，Year，Pref] += 1;

}

Transformer[Zone，Year，Type] += RngToDouble((Excel. Range)N110sht. Cells[i，N110. 主变台数]);//统计变电站/变压器

SumSort[FlagCounty，1，Year，Pref] += RngToDouble((Excel.

```
Range)N110sht.Cells[i，N110.主变台数]);
                Caption[Zone，Year，Type] += RngToDouble((Excel.Range)
N110sht.Cells[i，N110.主变容量]);//统计容量
                SumSort[FlagCounty，2，Year，Pref] += RngToDouble((Excel.
Range)N110sht.Cells[i，N110.主变容量]);
                Space[Zone，Year，Type] += RngToDouble((Excel.
Range)N110sht.Cells[i，N110.间隔]);//统计10kV间隔
                LineNum[Zone，Year，Type] += RngToDouble((Excel.Range)
N110sht.Cells[i，N110.线路条数]);//统计线路条数
                SumSort[FlagCounty，4，Year，Pref] += RngToDouble((Excel.
Range)N110sht.Cells[i，N110.线路条数]);
                LengthJK[Zone，Year，Type] += RngToDouble((Excel.Range)
N110sht.Cells[i，N110.架空长度]);//统计架空线路长度
                SumSort[FlagCounty，5，Year，Pref] += RngToDouble((Excel.
Range)N110sht.Cells[i，N110.架空长度]);
                LengthDL[Zone，Year，Type] += RngToDouble((Excel.Range)
N110sht.Cells[i，N110.电缆长度]);//统计电缆线路长度
                SumSort[FlagCounty，6，Year，Pref] += RngToDouble((Excel.
Range)N110sht.Cells[i，N110.电缆长度]);
                InvestSub[Zone，Year，Type] += RngToDouble((Excel.Range)
N110sht.Cells[i，N110.变电投资]);//统计变电投资
                InvestLine[Zone，Year，Type] += RngToDouble((Excel.Range)
N110sht.Cells[i，N110.线路投资]);//统计线路投资
                InvestTotal[Zone，Year，Type] += RngToDouble((Excel.
Range)N110sht.Cells[i，N110.总投资]);//统计总投资
                InvestSort[FlagCounty，Year，Pref] += RngToDouble((Excel.
Range)N110sht.Cells[i，N110.总投资]);


                #endregion
            }
        i++;
```

```
    }
#endregion

#region 统计 110kV 变电改造量
i = 5;
while (true)
{
    rngBlank = (Excel. Range)SR110sht. Cells[i, 1];
    sBlank = rngBlank. Text. ToString();
    if (sBlank. Length == 0)
    {
        break;
    }
    else
    {
        FlagCounty = 1;
        rngYear = (Excel. Range)SR110sht. Cells[i, SR110. 投产年];
        rngCounty = (Excel. Range)SR110sht. Cells[i, SR110. 县域];
        rngZone = (Excel. Range)SR110sht. Cells[i, SR110. 分区];
        rngPref = (Excel. Range)SR110sht. Cells[i, SR110. 工程属性];

        Zone = ZoneRngToInt(rngZone. Text);
        Year = int. Parse(rngYear. Text) - 2016;
        Pref = prefRngToInt(rngPref. Text);

        #region 市区
        if (StrHasArr(rngCounty. Text, CityName))
        {
            FlagCounty = 0;
            Substation[0, Year, 2] += 1;
            Transformer[0, Year, 2] += RngToDouble((Excel. Range)
```

```
SR110sht. Cells[i, SR110. 主变台数]);//统计变电站/变压器
                Caption[0, Year, 2] += RngToDouble((Excel. Range)
SR110sht. Cells[i, SR110. 改造后容量]);//统计容量
                CaptionJZ[0, Year, 2] += RngToDouble((Excel. Range)
SR110sht. Cells[i, SR110. 改造后容量]) - RngToDouble((Excel. Range)
SR110sht. Cells[i, SR110. 改造前容量]);
                InvestSub[0, Year, 2] += RngToDouble((Excel. Range)
SR110sht. Cells[i, SR110. 总投资]);//统计变电投资
                InvestTotal[0, Year, 2] += RngToDouble((Excel. Range)
SR110sht. Cells[i, SR110. 总投资]);//统计总投资
            }
        #endregion


        #region B、C、D 区计算
        Substation[Zone, Year, 2] += 1;
        SumSort[FlagCounty, 0, Year, Pref] += 1;
            Transformer[Zone, Year, 2] += RngToDouble((Excel. Range)
SR110sht. Cells[i, SR110. 主变台数]);//统计变电站/变压器
        SumSort[FlagCounty, 1, Year, Pref] += RngToDouble((Excel.
Range)SR110sht. Cells[i, SR110. 主变台数]);
                Caption[Zone, Year, 2] += RngToDouble((Excel. Range)
SR110sht. Cells[i, SR110. 改造后容量]);//统计容量
            CaptionJZ[Zone, Year, 2] += RngToDouble((Excel. Range)
SR110sht. Cells[i, SR110. 改造后容量]) - RngToDouble((Excel. Range)
SR110sht. Cells[i, SR110. 改造前容量]);
        SumSort[FlagCounty, 2, Year, Pref] += RngToDouble((Excel.
Range)SR110sht. Cells[i, SR110. 改造后容量]) - RngToDouble((Excel. Range)
SR110sht. Cells[i, SR110. 改造前容量]);
            InvestSub[Zone, Year, 2] += RngToDouble((Excel. Range)
SR110sht. Cells[i, SR110. 总投资]);//统计变电投资
            InvestTotal[Zone, Year, 2] += RngToDouble((Excel. Range)
```

```
SR110sht.Cells[i，SR110.总投资]);//统计总投资
            InvestSort[FlagCounty，Year，Pref] += RngToDouble((Excel.
Range)SR110sht.Cells[i，SR110.总投资]);

            #endregion
        }
        i++;
    }
    #endregion


    #region 统计 110kV 线路改造量
    i = 5;
    while (true)
    {
        rngBlank = (Excel.Range)LR110sht.Cells[i，1];
        sBlank = rngBlank.Text.ToString();
        if (sBlank.Length == 0)
        {
            break;
        }
        else
        {
            FlagCounty = 1;
            rngYear = (Excel.Range)LR110sht.Cells[i，LR110.投产年];
            rngCounty = (Excel.Range)LR110sht.Cells[i，LR110.县域];
            rngZone = (Excel.Range)LR110sht.Cells[i，LR110.分区];
            rngPref = (Excel.Range)LR110sht.Cells[i，LR110.工程属性];

            Zone = ZoneRngToInt(rngZone.Text);
            Year = int.Parse(rngYear.Text) - 2016;
            Pref = prefRngToInt(rngPref.Text);
```

```
#region 市区
if (StrHasArr(rngCounty. Text，CityName))
{
    FlagCounty = 0;

    LineNum[0，Year，2] += 1;//统计线路条数
        LengthJK[0，Year，2] += RngToDouble((Excel. Range)
LR110sht. Cells[i，LR110. 架空长度]);//统计架空线路长度
        LengthDL[0，Year，2] += RngToDouble((Excel. Range)
LR110sht. Cells[i，LR110. 电缆长度]);//统计电缆线路长度
        InvestLine[0，Year，2] += RngToDouble((Excel. Range)
LR110sht. Cells[i，LR110. 总投资]);//统计线路投资
        InvestTotal[0，Year，2] += RngToDouble((Excel. Range)
LR110sht. Cells[i，LR110. 总投资]);//统计总投资
}
#endregion

#region B、C、D 区计算

LineNum[Zone，Year，2] += 1;//统计线路条数
SumSort[FlagCounty，4，Year，Pref] += 1;
    LengthJK[Zone，Year，2] += RngToDouble((Excel. Range)
LR110sht. Cells[i，LR110. 架空长度]);//统计架空线路长度
SumSort[FlagCounty，5，Year，Pref] += RngToDouble((Excel.
Range)LR110sht. Cells[i，LR110. 架空长度]);
    LengthDL[Zone，Year，2] += RngToDouble((Excel. Range)
LR110sht. Cells[i，LR110. 电缆长度]);//统计电缆线路长度
    SumSort[FlagCounty，6，Year，Pref] += RngToDouble((Excel.
Range)LR110sht. Cells[i，LR110. 电缆长度]);
    InvestLine[Zone，Year，2] += RngToDouble((Excel. Range)
LR110sht. Cells[i，LR110. 总投资]);//统计线路投资
```

```
        InvestTotal[Zone, Year, 2] += RngToDouble((Excel.Range)
LR110sht.Cells[i, LR110.总投资]);//统计总投资
        InvestSort[FlagCounty, Year, Pref] += RngToDouble((Excel.
Range)LR110sht.Cells[i, LR110.总投资]);

    #endregion

      }
    i++;
  }
  #endregion

  #region 关闭项目清册
  wbsProjectList.Close();
  #endregion

    int RowStartAim, ColumnStartAim, RowDistance, ColumnDistance,
RowAim, ColumnAim;

    #region 写入表格 6-2
    RowStartAim = 5;
    ColumnStartAim = 6;
    RowDistance = 5;
    ColumnDistance = 3;
    shta62.Cells[RowStartAim, ColumnStartAim].Resize(RowDistance,
ColumnDistance * 5).clearcontents();
        shta62.Cells[RowStartAim, ColumnStartAim].Offset(RowDistance *
3, 0).Resize(RowDistance * 6, ColumnDistance * 5).ClearContents();

    for (i = 0; i < 9; i++)
    {
```

```
    for (int j = 0; j < 6; j++)
    {
        for (int k = 0; k < 3; k++)
        {
            RowAim = RowStartAim + RowDistance * i;
            ColumnAim = ColumnStartAim + ColumnDistance * j + k;
            Not0Write(shta62. Cells[RowAim, ColumnAim], Substation[i,
j, k]);
        }
    }
}

    for (i = 0; i < 9; i++)
    {
        for (int j = 0; j < 6; j++)
        {
            for (int k = 0; k < 3; k++)
            {
                RowAim = RowStartAim + RowDistance * i + 1;
                ColumnAim = ColumnStartAim + ColumnDistance * j + k;
                Not0Write(shta62. Cells[RowAim, ColumnAim], Transformer
[i, j, k]);
            }
        }
    }

    for (i = 0; i < 9; i++)
    {
        for (int j = 0; j < 6; j++)
        {
            for (int k = 0; k < 3; k++)
```

```
        {
            RowAim = RowStartAim + RowDistance * i + 2;
            ColumnAim = ColumnStartAim + ColumnDistance * j + k;
            Not0Write(shta62. Cells[RowAim, ColumnAim], Caption[i, j, k]);
        }
    }
}


for (i = 0; i < 9; i++)
{
    for (int j = 0; j < 6; j++)
    {
        for (int k = 0; k < 3; k++)
        {
            RowAim = RowStartAim + RowDistance * i + 3;
            ColumnAim = ColumnStartAim + ColumnDistance * j + k;
            switch (k)
            {
                case 0:
                case 1:
                    shta62. Cells[RowAim, ColumnAim] = "-";
                    break;
                case 2:
                    Not0Write(shta62. Cells[RowAim, ColumnAim], Caption-
JZ[i, j, k]);
                    break;
            }
        }
    }
}
```

```
for (i = 0; i < 9; i++)
{
  for (int j = 0; j < 6; j++)
  {
    for (int k = 0; k < 3; k++)
    {
      RowAim = RowStartAim + RowDistance * i + 4;
      ColumnAim = ColumnStartAim + ColumnDistance * j + k;
      switch (k)
      {
        case 2:
          shta62. Cells[RowAim, ColumnAim] = "-";
          break;
        case 0:
        case 1:
          Not0Write(shta62. Cells[RowAim, ColumnAim], Space[i, j, k]);

          break;
      }
    }
  }
}

#endregion

#region 写入表格 6-3
RowStartAim = 5;
ColumnStartAim = 6;
RowDistance = 3;
ColumnDistance = 2;
 shta63. Cells[RowStartAim, ColumnStartAim]. Resize (RowDistance,
```

ColumnDistance * 5). clearcontents();

```
        shta63. Cells[RowStartAim, ColumnStartAim]. Offset(RowDistance *
3, 0). Resize(RowDistance * 6, ColumnDistance * 5). ClearContents();


        for (i = 0; i < 9; i++)
        {
          for (int j = 0; j < 5; j++)
          {
            RowAim = RowStartAim + RowDistance * i;
            ColumnAim = ColumnStartAim + ColumnDistance * j;
            Not0Write(shta63. Cells[RowAim, ColumnAim], LineNum[i, j,
0] + LineNum[i, j, 1]);
            Not0Write(shta63. Cells[RowAim, ColumnAim + 1], LineNum
[i, j, 2]);
          }
        }


        for (i = 0; i < 9; i++)
        {
          for (int j = 0; j < 5; j++)
          {
            RowAim = RowStartAim + RowDistance * i + 1;
            ColumnAim = ColumnStartAim + ColumnDistance * j;
            Not0Write(shta63. Cells[RowAim, ColumnAim], LengthJK[i, j,
0] + LengthJK[i, j, 1]);
            Not0Write(shta63. Cells[RowAim, ColumnAim + 1], LengthJK
[i, j, 2]);
          }
        }


        for (i = 0; i < 9; i++)
```

```
    {
      for (int j = 0; j < 5; j++)
      {
        RowAim = RowStartAim + RowDistance * i + 2;
        ColumnAim = ColumnStartAim + ColumnDistance * j;
        Not0Write(shta63.Cells[RowAim, ColumnAim], LengthDL[i, j,
0] + LengthDL[i, j, 1]);
        Not0Write(shta63.Cells[RowAim, ColumnAim + 1], LengthDL
[i, j, 2]);
      }
    }
    #endregion

    #region 写入表格 6-4
    RowStartAim = 4;
    ColumnStartAim = 6;
    shta64.Cells[RowStartAim, ColumnStartAim].Resize(38, 5).clearcon-
tents();

    for (int j = 0; j < 5; j++)
    {
      for (int k = 0; k < 8; k++)
      {
        if (p[0, k] ! = 0)
        {
          switch (PrefNum[k])
          {
            case 6:
              Not0Write(shta64.Cells[p[0, k], ColumnStartAim + j],
SumSort[0, 0, j, k]);
              Not0Write(shta64.Cells[p[0, k] + 1, ColumnStartAim +
```

j]，SumSort[0，1，j，k]);

　　　　　　　Not0Write(shta64. Cells[p[0，k] ＋ 2，ColumnStartAim ＋
j]，SumSort[0，2，j，k]);

　　　　　　　Not0Write(shta64. Cells[p[0，k] ＋ 3，ColumnStartAim ＋
j]，SumSort[0，4，j，k]);

　　　　　　　Not0Write(shta64. Cells[p[0，k] ＋ 4，ColumnStartAim ＋
j]，SumSort[0，5，j，k]);

　　　　　　　Not0Write(shta64. Cells[p[0，k] ＋ 5，ColumnStartAim ＋
j]，SumSort[0，6，j，k]);

　　　　　　break；

　　　　case 7：

　　　　　　Not0Write(shta64. Cells[p[0，k]，ColumnStartAim ＋ j]，
SumSort[0，0，j，k]);

　　　　　　　Not0Write(shta64. Cells[p[0，k] ＋ 1，ColumnStartAim ＋
j]，SumSort[0，1，j，k]);

　　　　　　　Not0Write(shta64. Cells[p[0，k] ＋ 2，ColumnStartAim ＋
j]，SumSort[0，2，j，k]);

　　　　　　　Not0Write(shta64. Cells[p[0，k] ＋ 4，ColumnStartAim ＋
j]，SumSort[0，4，j，k]);

　　　　　　　Not0Write(shta64. Cells[p[0，k] ＋ 5，ColumnStartAim ＋
j]，SumSort[0，5，j，k]);

　　　　　　　Not0Write(shta64. Cells[p[0，k] ＋ 6，ColumnStartAim ＋
j]，SumSort[0，6，j，k]);

　　　　　　break；

　　　　case 4：

　　　　　　Not0Write(shta64. Cells[p[0，k] ＋ 1，ColumnStartAim ＋
j]，SumSort[0，4，j，k]);

　　　　　　　Not0Write(shta64. Cells[p[0，k] ＋ 2，ColumnStartAim ＋
j]，SumSort[0，5，j，k]);

　　　　　　　Not0Write(shta64. Cells[p[0，k] ＋ 3，ColumnStartAim ＋
j]，SumSort[0，6，j，k]);

```
                break;
              }
            }
          }
        }


#endregion

#region 写入表格 6-5
RowStartAim = 4;
ColumnStartAim = 6;
shta65. Cells[RowStartAim, ColumnStartAim]. Resize(45, 5). clearcontents();


for (int j = 0; j < 5; j++)
{
    for (int k = 0; k < 8; k++)
    {
        if (p[1, k] != 0)
        {
            switch (PrefNum[k])
            {
                case 6:
                    Not0Write(shta65. Cells[p[1, k], ColumnStartAim + j],
SumSort[1, 0, j, k]);
                    Not0Write(shta65. Cells[p[1, k] + 1, ColumnStartAim +
j], SumSort[1, 1, j, k]);
                    Not0Write(shta65. Cells[p[1, k] + 2, ColumnStartAim +
j], SumSort[1, 2, j, k]);
                    Not0Write(shta65. Cells[p[1, k] + 3, ColumnStartAim +
j], SumSort[1, 4, j, k]);
```

```
                NotOWrite(shta65.Cells[p[1, k] + 4, ColumnStartAim +
j], SumSort[1, 5, j, k]);
                NotOWrite(shta65.Cells[p[1, k] + 5, ColumnStartAim +
j], SumSort[1, 6, j, k]);
                break;
            case 7:
                NotOWrite(shta65.Cells[p[1, k], ColumnStartAim + j],
SumSort[1, 0, j, k]);
                NotOWrite(shta65.Cells[p[1, k] + 1, ColumnStartAim +
j], SumSort[1, 1, j, k]);
                NotOWrite(shta65.Cells[p[1, k] + 2, ColumnStartAim +
j], SumSort[1, 2, j, k]);
                NotOWrite(shta65.Cells[p[1, k] + 4, ColumnStartAim +
j], SumSort[1, 4, j, k]);
                NotOWrite(shta65.Cells[p[1, k] + 5, ColumnStartAim +
j], SumSort[1, 5, j, k]);
                NotOWrite(shta65.Cells[p[1, k] + 6, ColumnStartAim +
j], SumSort[1, 6, j, k]);
                break;
            case 4:
                NotOWrite(shta65.Cells[p[1, k] + 1, ColumnStartAim +
j], SumSort[1, 4, j, k]);
                NotOWrite(shta65.Cells[p[1, k] + 2, ColumnStartAim +
j], SumSort[1, 5, j, k]);
                NotOWrite(shta65.Cells[p[1, k] + 3, ColumnStartAim +
j], SumSort[1, 6, j, k]);
                break;
            }
          }
        }
      }
```

```
#endregion

#region 写入表格 15-2 110kV 部分
RowStartAim = 5;
ColumnStartAim = 6;
RowDistance = 10;
ColumnDistance = 2;

    shta152.Cells[RowStartAim, ColumnStartAim].Resize(2, ColumnDistance * 5).ClearContents();
        shta152.Cells[RowStartAim, ColumnStartAim].Offset(RowDistance * 3, 0).Resize(2, ColumnDistance * 5).ClearContents();
        shta152.Cells[RowStartAim, ColumnStartAim].Offset(RowDistance * 4, 0).Resize(2, ColumnDistance * 5).ClearContents();
        shta152.Cells[RowStartAim, ColumnStartAim].Offset(RowDistance * 5, 0).Resize(2, ColumnDistance * 5).ClearContents();
        shta152.Cells[RowStartAim, ColumnStartAim].Offset(RowDistance * 6, 0).Resize(2, ColumnDistance * 5).ClearContents();
        shta152.Cells[RowStartAim, ColumnStartAim].Offset(RowDistance * 7, 0).Resize(2, ColumnDistance * 5).ClearContents();
        shta152.Cells[RowStartAim, ColumnStartAim].Offset(RowDistance * 8, 0).Resize(2, ColumnDistance * 5).ClearContents();

    for (i = 0; i < 9; i++)
    {
     for (int j = 0; j < 5; j++)
      {
        RowAim = RowStartAim + RowDistance * i;
        ColumnAim = ColumnStartAim + ColumnDistance * j;
        Not0Write(shta152.Cells[RowAim, ColumnAim], InvestSub[i, j,
```

```
0] / 10000 + InvestSub[i, j, 1] / 10000 + InvestSub[i, j, 2] / 10000);
        Not0Write(shta152.Cells[RowAim, ColumnAim + 1], InvestSub
[i, j, 0] / 10000 + InvestSub[i, j, 1] / 10000 + InvestSub[i, j, 2] / 10000);
        Not0Write(shta152.Cells[RowAim + 1, ColumnAim], InvestLine
[i, j, 0] / 10000 + InvestLine[i, j, 1] / 10000 + InvestLine[i, j, 2] / 10000);
        Not0Write(shta152.Cells[RowAim + 1, ColumnAim + 1], In-
vestLine[i, j, 0] / 10000 + InvestLine[i, j, 1] / 10000 + InvestLine[i, j, 2] /
10000);

      }
    }
  #endregion


  #region 写入表格 15-3 110kV 部分
  RowStartAim = 5;
  ColumnStartAim = 4;
  RowDistance = 4;
  ColumnDistance = 2;


  shta153.Cells[RowStartAim, ColumnStartAim].Resize(1, ColumnDis-
tance * 5).ClearContents();
        shta153.Cells[RowStartAim, ColumnStartAim].Offset(RowDistance
* 3, 0).Resize(1, ColumnDistance * 5).ClearContents();
        shta153.Cells[RowStartAim, ColumnStartAim].Offset(RowDistance
* 4, 0).Resize(1, ColumnDistance * 5).ClearContents();
        shta153.Cells[RowStartAim, ColumnStartAim].Offset(RowDistance
* 5, 0).Resize(1, ColumnDistance * 5).ClearContents();
        shta153.Cells[RowStartAim, ColumnStartAim].Offset(RowDistance
* 6, 0).Resize(1, ColumnDistance * 5).ClearContents();
        shta153.Cells[RowStartAim, ColumnStartAim].Offset(RowDistance
* 7, 0).Resize(1, ColumnDistance * 5).ClearContents();
        shta153.Cells[RowStartAim, ColumnStartAim].Offset(RowDistance
```

```
* 8, 0). Resize(1, ColumnDistance * 5). ClearContents();


        for (i = 0; i < 9; i++)
        {
          for (int j = 0; j < 5; j++)
          {
            RowAim = RowStartAim + RowDistance * i;
            ColumnAim = ColumnStartAim + ColumnDistance * j;
            Not0Write(shta153. Cells[RowAim, ColumnAim], InvestTotal[i,
j, 2] / 10000);
              Not0Write(shta153. Cells[RowAim, ColumnAim + 1], Invest-
Total[i, j, 2] / 10000);
          }
        }
        #endregion


        #region 写入表格 15-4 110kV 部分
        RowStartAim = 4;
        ColumnStartAim = 4;


        shta154. Cells[RowStartAim, ColumnStartAim]. Resize(7, 5). Clear-
Contents();


        for (i = 0; i < 8; i++)
        {
          for (int j = 0; j < 5; j++)
          {
            RowAim = i < 6 ? RowStartAim + i : RowStartAim + i - 1;
            ColumnAim = ColumnStartAim + j;
            Not0Write(shta154. Cells[RowAim, ColumnAim], InvestSort[0,
j, i] / 10000);
```

```
            }
        }
        #endregion

        #region 写入表格 15-5 110kV 部分
        RowStartAim = 4;
        ColumnStartAim = 4;

        shta155. Cells[RowStartAim, ColumnStartAim]. Resize(8, 5). Clear-
Contents();

        for (i = 0; i < 8; i++)
        {
            for (int j = 0; j < 5; j++)
            {
                Not0Write(shta155. Cells[RowStartAim + i, ColumnStartAim +
j], InvestSort[1, j, i] / 10000);
            }
        }
        #endregion

        MessageBox. Show("110kV 电网规模及投资计算完毕!");
    }
```

5.2.3 35kV 电网项目计算

```
public void 电网35kV()
    {
        #region 调取自定义的市区名称
        XmlDocument xmlDoc = new XmlDocument();
        xmlDoc. Load(settingPath);
        XmlNode xnRoot = xmlDoc. SelectSingleNode("/root");
        int n = 0;
```

```
int m = 0;
foreach (XmlNode xn in xnRoot. ChildNodes)
{
  if (xn. Name == "city")
  {
    n = n + 1;
  }
}
string[] CityName = new string[n];
foreach (XmlNode xn in xnRoot. ChildNodes)
{
  if (xn. Name == "city")
  {
    CityName[m] = xn. InnerText;
    CityName[m] = Regex. Replace(CityName[m], @"[\r\n]", "");
//去除换行符
    m = m + 1;
  }
}
#endregion


#region 定义写入表格
Excel. Workbook wbd = xapp. ActiveWorkbook;
Excel. Worksheet shta72 = (Excel. Worksheet)wbd. Worksheets. get_Item("7-2");
Excel. Worksheet shta73 = (Excel. Worksheet)wbd. Worksheets. get_Item("7-3");
Excel. Worksheet shta74 = (Excel. Worksheet)wbd. Worksheets. get_Item("7-4");
Excel. Worksheet shta75 = (Excel. Worksheet)wbd. Worksheets. get_Item("7-5");
```

```
Excel. Worksheet shta76 = (Excel. Worksheet)wbd. Worksheets. get_I-
tem("7－6");

    Excel. Worksheet shta77 = (Excel. Worksheet)wbd. Worksheets. get_I-
tem("7－7");

    Excel. Worksheet shta152 = (Excel. Worksheet)wbd. Worksheets. get_
Item("15－2");

    Excel. Worksheet shta153 = (Excel. Worksheet)wbd. Worksheets. get_
Item("15－3");

    Excel. Worksheet shta154 = (Excel. Worksheet)wbd. Worksheets. get_
Item("15－4");

    Excel. Worksheet shta155 = (Excel. Worksheet)wbd. Worksheets. get_
Item("15－5");

    #endregion


    #region //打开项目清册
    MessageBox. Show("请打开项目清册");
    string fileNameProjectList;
    fileNameProjectList = "";
    OpenFileDialog fd = new OpenFileDialog();
    fd. Filter = "EXCEL 文件| * . xls; * . xlsx; * . xlsm";
    if (fd. ShowDialog() == DialogResult. OK)
    {
        fileNameProjectList = fd. FileName;
    }
    else
    {
        MessageBox. Show("未打开项目清册,退出计算!");
        return;
    }
    Excel. Workbook wbsProjectList = xapp. Workbooks. Open(fileNamePro-
jectList);
```

```
Excel. Worksheet N35sht = (Excel. Worksheet)wbsProjectList. Worksheets. get_Item("35kV 新扩建工程");

Excel. Worksheet SR35sht = (Excel. Worksheet)wbsProjectList. Worksheets. get_Item("35kV 变电站改造工程");

Excel. Worksheet LR35sht = (Excel. Worksheet)wbsProjectList. Worksheets. get_Item("35kV 线路改造工程");

#endregion


#region 变量定义
//1~9 分区;1~8 为年份,1 对应第一年;3 分别对应新建、扩建、改造
double[,,] Substation = new double[9, 8, 3];//变电站
double[,,] Transformer = new double[9, 8, 3];//变压器
double[,,] Caption = new double[9, 8, 3];//容量
double[,,] CaptionJZ = new double[9, 8, 3];//净增容量
double[,,] Space = new double[9, 8, 3];//10kV 间隔
double[,,] LineNum = new double[9, 8, 3];//线路条数
double[,,] LengthJK = new double[9, 8, 3];//架空长度
double[,,] LengthDL = new double[9, 8, 3];//电缆长度
double[,,] InvestSub = new double[9, 8, 3];//变电投资
double[,,] InvestLine = new double[9, 8, 3];//线路投资
double[,,] InvestTotal = new double[9, 8, 3];//总投资


//按工程属性分类汇总
double[,,,] SumSort = new double[2, 7, 8, 8];//[2,7,8,8]对应市区/县域、子分类、年份、工程属性
double[,,] InvestSort = new double[2, 8, 8];//[2,8,8]对应市区/县域、年份、工程属性
//工程属性统计的行数
int[] PrefNum = new int[8] { 7, 6, 6, 4, 4, 4, 7, 7 };
//工程属性统计值写入的行数,1 市区,2 县域
int[,] p = new int[2, 8] { { 10, 4, 17, 23, 27, 31, 0, 35 },{11, 18,
```

24，30，34，38，4，42 } };

```
        int i;
        Excel. Range rngBlank，rngType，rngYear，rngPref，rngZone，rngCounty;
        int FlagCounty;
        string sBlank;
        int Zone，Year，Pref，Type;
        #endregion

        #region //统计 35kV 新建量
        i = 5;
        while（true）
        {
            rngBlank = （Excel. Range)N35sht. Cells[i，1];
            sBlank = rngBlank. Text. ToString（）;
            if（sBlank. Length == 0）
            {
                break;
            }
            else
            {
                FlagCounty = 1;
                rngType = （Excel. Range)N35sht. Cells[i，N35. 建设类型];
                rngYear = （Excel. Range)N35sht. Cells[i，N35. 投产年];
                rngCounty = （Excel. Range)N35sht. Cells[i，N35. 县域];
                rngZone = （Excel. Range)N35sht. Cells[i，N35. 分区];
                rngPref = （Excel. Range)N35sht. Cells[i，N35. 工程属性];

                Zone = ZoneRngToInt（rngZone. Text）;
                Year = int. Parse（rngYear. Text）- 2016;
```

```
    Type = Type35(rngType.Text);
    Pref = prefRngToInt(rngPref.Text);


    #region 市区
    if (StrHasArr(rngCounty.Text, CityName))
    {
        FlagCounty = 0;
        if (RngToDouble((Excel.Range)N35sht.Cells[i, N35.主变台
数]) != 0)
        {
            Substation[0, Year, Type] += 1;
        }
        Transformer[0, Year, Type] += RngToDouble((Excel.
Range)N35sht.Cells[i, N35.主变台数]);//统计变电站/变压器
            Caption[0, Year, Type] += RngToDouble((Excel.Range)
N35sht.Cells[i, N35.主变容量]);//统计容量
            Space[0, Year, Type] += RngToDouble((Excel.Range)
N35sht.Cells[i, N35.间隔]);//统计 10kV 间隔
            LineNum[0, Year, Type] += RngToDouble((Excel.Range)
N35sht.Cells[i, N35.线路条数]);//统计线路条数
            LengthJK[0, Year, Type] += RngToDouble((Excel.Range)
N35sht.Cells[i, N35.架空长度]);//统计架空线路长度
            LengthDL[0, Year, Type] += RngToDouble((Excel.
Range)N35sht.Cells[i, N35.电缆长度]);//统计电缆线路长度
            InvestSub[0, Year, Type] += RngToDouble((Excel.Range)
N35sht.Cells[i, N35.变电投资]);//统计变电投资
            InvestLine[0, Year, Type] += RngToDouble((Excel.
Range)N35sht.Cells[i, N35.线路投资]);//统计线路投资
            InvestTotal[0, Year, Type] += RngToDouble((Excel.
Range)N35sht.Cells[i, N35.总投资]);//统计总投资
    }
```

```
＃endregion

＃region B、C、D 区计算
if (RngToDouble((Excel. Range)N35sht. Cells[i，N35. 主变台数])
! ＝ 0)
{
    Substation[Zone，Year，Type] ＋＝ 1；
    SumSort[FlagCounty，0，Year，Pref] ＋＝ 1；
}
    Transformer[Zone，Year，Type] ＋ ＝ RngToDouble((Excel.
Range)N35sht. Cells[i，N35. 主变台数]);//统计变电站/变压器
    SumSort[FlagCounty，1，Year，Pref] ＋＝ RngToDouble((Excel.
Range)N35sht. Cells[i，N35. 主变台数]);
    Caption[Zone，Year，Type] ＋ ＝ RngToDouble((Excel. Range)
N35sht. Cells[i，N35. 主变容量]);//统计容量
    SumSort[FlagCounty，2，Year，Pref] ＋＝ RngToDouble((Excel.
Range)N35sht. Cells[i，N35. 主变容量]);
    Space[Zone，Year，Type] ＋ ＝ RngToDouble((Excel. Range)
N35sht. Cells[i，N35. 间隔]);//统计 10kV 间隔
    LineNum[Zone，Year，Type] ＋＝ RngToDouble((Excel. Range)
N35sht. Cells[i，N35. 线路条数]);//统计线路条数
    SumSort[FlagCounty，4，Year，Pref] ＋＝ RngToDouble((Excel.
Range)N35sht. Cells[i，N35. 线路条数]);
    LengthJK[Zone，Year，Type] ＋＝ RngToDouble((Excel. Range)
N35sht. Cells[i，N35. 架空长度]);//统计架空线路长度
    SumSort[FlagCounty，5，Year，Pref] ＋＝ RngToDouble((Excel.
Range)N35sht. Cells[i，N35. 架空长度]);
    LengthDL[Zone，Year，Type] ＋＝ RngToDouble((Excel. Range)
N35sht. Cells[i，N35. 电缆长度]);//统计电缆线路长度
    SumSort[FlagCounty，6，Year，Pref] ＋＝ RngToDouble((Excel.
Range)N35sht. Cells[i，N35. 电缆长度]);
```

```
            InvestSub[Zone, Year, Type] += RngToDouble((Excel. Range)
N35sht. Cells[i, N35. 变电投资]);//统计变电投资
            InvestLine[Zone, Year, Type] += RngToDouble((Excel. Range)
N35sht. Cells[i, N35. 线路投资]);//统计线路投资
            InvestTotal [Zone, Year, Type] += RngToDouble ((Excel.
Range)N35sht. Cells[i, N35. 总投资]);//统计总投资
            InvestSort[FlagCounty, Year, Pref] += RngToDouble ((Excel.
Range)N35sht. Cells[i, N35. 总投资]);
            #endregion
        }
      i++;
    }
    #endregion

    #region //统计 35kV 变电改造量
    i = 5;
    while (true)
    {
      rngBlank = (Excel. Range)SR35sht. Cells[i, 1];
      sBlank = rngBlank. Text. ToString();
      if (sBlank. Length == 0)
      {
        break;
      }
      else
      {
      FlagCounty = 1;
      rngYear = (Excel. Range)SR35sht. Cells[i, SR35. 投产年];
      rngCounty = (Excel. Range)SR35sht. Cells[i, SR35. 县域];
      rngZone = (Excel. Range)SR35sht. Cells[i, SR35. 分区];
      rngPref = (Excel. Range)SR35sht. Cells[i, SR35. 工程属性];
```

```
Zone = ZoneRngToInt(rngZone. Text);

Year = int. Parse(rngYear. Text) — 2016;

Pref = prefRngToInt(rngPref. Text);


#region 市区
if (StrHasArr(rngCounty. Text，CityName))
{

  FlagCounty = 0;

  Substation[0，Year，2] += 1;

  Transformer[0，Year，2] + = RngToDouble((Excel. Range)
SR35sht. Cells[i，SR35. 主变台数]);//统计变电站/变压器

    Caption [0，Year，2] + = RngToDouble((Excel. Range)
SR35sht. Cells[i，SR35. 改造后容量]);//统计容量

    CaptionIZ[0，Year，2] + = RngToDouble((Excel. Range)
SR35sht. Cells[i，SR35. 改造后容量]) — RngToDouble((Excel. Range)SR35sht.
Cells[i，SR35. 改造前容量]);

    InvestSub[0，Year，2] + = RngToDouble((Excel. Range)
SR35sht. Cells[i，SR35. 总投资]);//统计变电投资

    InvestTotal[0，Year，2] + = RngToDouble((Excel. Range)
SR35sht. Cells[i，SR35. 总投资]);//统计总投资

  }
  #endregion


  #region B、C、D 区计算
  Substation[Zone，Year，2] += 1;

  SumSort[FlagCounty，0，Year，Pref] += 1;

  Transformer[Zone，Year，2] + = RngToDouble((Excel. Range)
SR35sht. Cells[i，SR35. 主变台数]);//统计变电站/变压器

    SumSort[FlagCounty，1，Year，Pref] + = RngToDouble((Excel.
Range)SR35sht. Cells[i，SR35. 主变台数]);
```

```
        Caption[Zone, Year, 2] += RngToDouble((Excel. Range)
SR35sht. Cells[i, SR35. 改造后容量]);//统计容量
        CaptionJZ[Zone, Year, 2] += RngToDouble((Excel. Range)
SR35sht. Cells[i, SR35. 改造后容量]) - RngToDouble((Excel. Range)SR35sht.
Cells[i, SR35. 改造前容量]);
        SumSort[FlagCounty, 2, Year, Pref] += RngToDouble((Excel.
Range)SR35sht. Cells[i, SR35. 改造后容量]) - RngToDouble((Excel. Range)
SR35sht. Cells[i, SR35. 改造前容量]);
        InvestSub[Zone, Year, 2] += RngToDouble((Excel. Range)
SR35sht. Cells[i, SR35. 总投资]);//统计变电投资
        InvestTotal[Zone, Year, 2] += RngToDouble((Excel. Range)
SR35sht. Cells[i, SR35. 总投资]);//统计总投资
        InvestSort[FlagCounty, Year, Pref] += RngToDouble((Excel.
Range)SR35sht. Cells[i, SR35. 总投资]);


        #endregion
      }
    i++;
  }
  #endregion


  #region //统计 35kV 线路改造量
  i = 5;
  while (true)
  {
    rngBlank = (Excel. Range)LR35sht. Cells[i, 1];
    sBlank = rngBlank. Text. ToString();
    if (sBlank. Length == 0)
    {
      break;
    }
```

```
else
{
    FlagCounty = 1;
    rngYear = (Excel. Range)LR35sht. Cells[i, LR35. 投产年];
    rngCounty = (Excel. Range)LR35sht. Cells[i, LR35. 县域];
    rngZone = (Excel. Range)LR35sht. Cells[i, LR35. 分区];
    rngPref = (Excel. Range)LR35sht. Cells[i, LR35. 工程属性];

    Zone = ZoneRngToInt(rngZone. Text);
    Year = int. Parse(rngYear. Text) - 2016;
    Pref = prefRngToInt(rngPref. Text);

    #region 市区
    if (StrHasArr(rngCounty. Text, CityName))
    {
        FlagCounty = 0;

        LineNum[0, Year, 2] += 1;//统计线路条数
        LengthJK[0, Year, 2] += RngToDouble((Excel. Range)
LR35sht. Cells[i, LR35. 架空长度]);//统计架空线路长度
        LengthDL[0, Year, 2] += RngToDouble((Excel. Range)
LR35sht. Cells[i, LR35. 电缆长度]);//统计电缆线路长度
        InvestLine[0, Year, 2] += RngToDouble((Excel. Range)
LR35sht. Cells[i, LR35. 总投资]);//统计线路投资
        InvestTotal[0, Year, 2] += RngToDouble((Excel. Range)
LR35sht. Cells[i, LR35. 总投资]);//统计总投资
    }
    #endregion

    #region B、C、D 区计算
    LineNum[Zone, Year, 2] += 1;//统计线路条数
```

SumSort[FlagCounty, 4, Year, Pref] += 1;

LengthJK[Zone, Year, 2] += RngToDouble((Excel. Range)LR35sht. Cells[i, LR35. 架空长度]);//统计架空线路长度

SumSort[FlagCounty, 5, Year, Pref] += RngToDouble((Excel. Range)LR35sht. Cells[i, LR35. 架空长度]);

LengthDL[Zone, Year, 2] += RngToDouble((Excel. Range)LR35sht. Cells[i, LR35. 电缆长度]);//统计电缆线路长度

SumSort[FlagCounty, 6, Year, Pref] += RngToDouble((Excel. Range)LR35sht. Cells[i, LR35. 电缆长度]);

InvestLine[Zone, Year, 2] += RngToDouble((Excel. Range)LR35sht. Cells[i, LR35. 总投资]);//统计线路投资

InvestTotal[Zone, Year, 2] += RngToDouble((Excel. Range)LR35sht. Cells[i, LR35. 总投资]);//统计总投资

InvestSort[FlagCounty, Year, Pref] += RngToDouble((Excel. Range)LR35sht. Cells[i, LR35. 总投资]);

#endregion

}
i++;
}
#endregion

#region 关闭项目清册
wbsProjectList. Close();
#endregion

int RowStartAim, ColumnStartAim, RowDistance, ColumnDistance, RowAim, ColumnAim;
#region 写入表格 7-2
RowStartAim = 5;

```
ColumnStartAim = 6;
RowDistance = 5;
ColumnDistance = 3;
 shta72. Cells[RowStartAim, ColumnStartAim]. Resize(RowDistance,
ColumnDistance * 5). clearcontents();
    shta72. Cells[RowStartAim, ColumnStartAim]. Offset(RowDistance *
3, 0). Resize(RowDistance * 6, ColumnDistance * 5). ClearContents();


    for (i = 0; i < 9; i++)
    {
      for (int j = 0; j < 6; j++)
      {
        for (int k = 0; k < 3; k++)
        {
          RowAim = RowStartAim + RowDistance * i;
          ColumnAim = ColumnStartAim + ColumnDistance * j + k;
          Not0Write(shta72. Cells[RowAim, ColumnAim], Substation[i,
j, k]);
        }
      }
    }


    for (i = 0; i < 9; i++)
    {
      for (int j = 0; j < 6; j++)
      {
        for (int k = 0; k < 3; k++)
        {
          RowAim = RowStartAim + RowDistance * i + 1;
          ColumnAim = ColumnStartAim + ColumnDistance * j + k;
          Not0Write(shta72. Cells[RowAim, ColumnAim], Transformer
```

```
[i, j, k]);
            }
        }
    }


    for (i = 0; i < 9; i++)
    {
        for (int j = 0; j < 6; j++)
        {
            for (int k = 0; k < 3; k++)
            {
                RowAim = RowStartAim + RowDistance * i + 2;
                ColumnAim = ColumnStartAim + ColumnDistance * j + k;
                Not0Write(shta72.Cells[RowAim, ColumnAim], Caption[i, j,
k]);
            }
        }
    }


    for (i = 0; i < 9; i++)
    {
        for (int j = 0; j < 6; j++)
        {
            for (int k = 0; k < 3; k++)
            {
                RowAim = RowStartAim + RowDistance * i + 3;
                ColumnAim = ColumnStartAim + ColumnDistance * j + k;
                switch (k)
                {
                    case 0:
                    case 1:
```

```
                shta72. Cells[RowAim, ColumnAim] = "-";
                break;
            case 2:
                Not0Write(shta72. Cells[RowAim, ColumnAim], Caption-
JZ[i, j, k]);
                break;
            }
        }
    }
}

for (i = 0; i < 9; i++)
{
    for (int j = 0; j < 6; j++)
    {
        for (int k = 0; k < 3; k++)
        {
            RowAim = RowStartAim + RowDistance * i + 4;
            ColumnAim = ColumnStartAim + ColumnDistance * j + k;
            switch (k)
            {
            case 2:
                shta72. Cells[RowAim, ColumnAim] = "-";
                break;
            case 0:
            case 1:
                Not0Write(shta72. Cells[RowAim, ColumnAim], Space[i,
j, k]);
                break;
            }
        }
    }
```

```
        }
    }


    #endregion

    #region 写入表格 7-3
    RowStartAim = 5;
    ColumnStartAim = 6;
    RowDistance = 5;
    ColumnDistance = 3;
    shta73. Cells[RowStartAim, ColumnStartAim]. Resize(RowDistance,
ColumnDistance * 5). clearcontents();
    shta73. Cells[RowStartAim, ColumnStartAim]. Offset(RowDistance *
3, 0). Resize(RowDistance * 6, ColumnDistance * 5). ClearContents();


    for (i = 0; i < 9; i++)
    {
        for (int j = 0; j < 6; j++)
        {
            for (int k = 0; k < 3; k++)
            {
                RowAim = RowStartAim + RowDistance * i;
                ColumnAim = ColumnStartAim + ColumnDistance * j+k;
                Not0Write(shta73. Cells[RowAim, ColumnAim], Substation[i,
j, k]);
            }
        }
    }


    for (i = 0; i < 9; i++)
    {
```

```
for (int j = 0; j < 6; j++)
{
    for (int k = 0; k < 3; k++)
    {
        RowAim = RowStartAim + RowDistance * i + 1;
        ColumnAim = ColumnStartAim + ColumnDistance * j+k;
        Not0Write(shta73. Cells[RowAim, ColumnAim], Transformer
[i, j, k]);
    }
}
}

for (i = 0; i < 9; i++)
{
    for (int j = 0; j < 6; j++)
    {
        for (int k = 0; k < 3; k++)
        {
            RowAim = RowStartAim + RowDistance * i + 2;
            ColumnAim = ColumnStartAim + ColumnDistance * j+k;
            Not0Write(shta73. Cells[RowAim, ColumnAim], Caption[i, j,
k]);
        }
    }
}

for (i = 0; i < 9; i++)
{
    for (int j = 0; j < 6; j++)
    {
        for (int k = 0; k < 3; k++)
```

```
        {
            RowAim = RowStartAim + RowDistance * i + 3;
            ColumnAim = ColumnStartAim + ColumnDistance * j+k;
            switch (k)
            {
                case 0:
                case 1:
                    shta73.Cells[RowAim, ColumnAim] = "—";
                    break;
                case 2:
                    Not0Write(shta73.Cells[RowAim, ColumnAim], Caption-
JZ[i, j, k]);

                    break;
            }
        }
    }
}

for (i = 0; i < 9; i++)
{
    for (int j = 0; j < 6; j++)
    {
        for (int k = 0; k < 3; k++)
        {
            RowAim = RowStartAim + RowDistance * i + 4;
            ColumnAim = ColumnStartAim + ColumnDistance * j + k;
            switch (k)
            {
                case 2:
                    shta73.Cells[RowAim, ColumnAim] = "—";
                    break;
```

```
                case 0：
                case 1：
                        Not0Write(shta73. Cells[RowAim，ColumnAim]，Space[i，
j，k]);

                        break；

                    }

                }

            }

        }


    ♯endregion


    ♯region 写入表格 7－4
    RowStartAim = 5；
    ColumnStartAim = 6；
    RowDistance = 3；
    ColumnDistance = 2；
        shta74. Cells[RowStartAim，ColumnStartAim]. Resize(RowDistance，
ColumnDistance * 5). clearcontents();
        shta74. Cells[RowStartAim，ColumnStartAim]. Offset(RowDistance *
3，0). Resize(RowDistance * 6，ColumnDistance * 5). ClearContents();


        for (i = 0；i < 9；i++)
        {
            for (int j = 0；j < 5；j++)
            {
                RowAim = RowStartAim + RowDistance * i；
                ColumnAim = ColumnStartAim + ColumnDistance * j；
                Not0Write(shta74. Cells[RowAim，ColumnAim]，LineNum[i，j，
0] + LineNum[i，j，1]);
                Not0Write(shta74. Cells[RowAim，ColumnAim + 1]，LineNum
```

```
[i, j, 2]);
            }
        }

        for (i = 0; i < 9; i++)
        {
            for (int j = 0; j < 5; j++)
            {
                RowAim = RowStartAim + RowDistance * i + 1;
                ColumnAim = ColumnStartAim + ColumnDistance * j;
                Not0Write(shta74. Cells[RowAim, ColumnAim], LengthJK[i, j,
0] + LengthJK[i, j, 1]);
                Not0Write(shta74. Cells[RowAim, ColumnAim + 1], LengthJK
[i, j, 2]);
            }
        }

        for (i = 0; i < 9; i++)
        {
            for (int j = 0; j < 5; j++)
            {

                RowAim = RowStartAim + RowDistance * i + 2;
                ColumnAim = ColumnStartAim + ColumnDistance * j;
                Not0Write(shta74. Cells[RowAim, ColumnAim], LengthDL[i, j,
0] + LengthDL[i, j, 1]);
                Not0Write(shta74. Cells[RowAim, ColumnAim + 1], LengthDL
[i, j, 2]);
            }
        }
        #endregion
```

＃region 写入表格 7-5

```
RowStartAim = 5;
ColumnStartAim = 6;
RowDistance = 3;
ColumnDistance = 2;
    shta75. Cells[RowStartAim，ColumnStartAim]. Resize(RowDistance,
ColumnDistance * 5). clearcontents();
    shta75. Cells[RowStartAim，ColumnStartAim]. Offset(RowDistance *
3，0). Resize(RowDistance * 6，ColumnDistance * 5). ClearContents();

    for (i = 0; i < 9; i++)
    {
        for (int j = 0; j < 5; j++)
        {
            RowAim = RowStartAim + RowDistance * i;
            ColumnAim = ColumnStartAim + ColumnDistance * j;
            Not0Write(shta75. Cells[RowAim, ColumnAim], LineNum[i, j,
0] + LineNum[i, j, 1]);
            Not0Write(shta75. Cells[RowAim, ColumnAim + 1], LineNum
[i, j, 2]);
        }
    }

    for (i = 0; i < 9; i++)
    {
        for (int j = 0; j < 5; j++)
        {
            RowAim = RowStartAim + RowDistance * i + 1;
            ColumnAim = ColumnStartAim + ColumnDistance * j;
            Not0Write(shta75. Cells[RowAim, ColumnAim], LengthJK[i, j,
```

```
0] + LengthJK[i, j, 1]);
                NotOWrite(shta75. Cells[RowAim, ColumnAim + 1], LengthJK
[i, j, 2]);
            }
        }


    for (i = 0; i < 9; i++)
    {
        for (int j = 0; j < 5; j++)
        {


            RowAim = RowStartAim + RowDistance * i + 2;
            ColumnAim = ColumnStartAim + ColumnDistance * j;
            NotOWrite(shta75. Cells[RowAim, ColumnAim], LengthDL[i, j,
0] + LengthDL[i, j, 1]);
                NotOWrite(shta75. Cells[RowAim, ColumnAim + 1], LengthDL
[i, j, 2]);
            }
        }
    #endregion


    #region 写入表格 7-6
    RowStartAim = 4;
    ColumnStartAim = 6;
    shta76. Cells[RowStartAim, ColumnStartAim]. Resize(38, 5). clearcon-
tents();


    for (int j = 0; j < 5; j++)
    {
        for (int k = 0; k < 8; k++)
        {
```

```
if (p[0, k] ! = 0)
{
    switch (PrefNum[k])
    {
      case 6：
            Not0Write(shta76.Cells[p[0, k], ColumnStartAim + j],
SumSort[0, 0, j, k]);
            Not0Write(shta76.Cells[p[0, k] + 1, ColumnStartAim +
j], SumSort[0, 1, j, k]);
            Not0Write(shta76.Cells[p[0, k] + 2, ColumnStartAim +
j], SumSort[0, 2, j, k]);
            Not0Write(shta76.Cells[p[0, k] + 3, ColumnStartAim +
j], SumSort[0, 4, j, k]);
            Not0Write(shta76.Cells[p[0, k] + 4, ColumnStartAim +
j], SumSort[0, 5, j, k]);
            Not0Write(shta76.Cells[p[0, k] + 5, ColumnStartAim +
j], SumSort[0, 6, j, k]);
            break；
      case 7：
            Not0Write(shta76.Cells[p[0, k], ColumnStartAim + j],
SumSort[0, 0, j, k]);
            Not0Write(shta76.Cells[p[0, k] + 1, ColumnStartAim +
j], SumSort[0, 1, j, k]);
            Not0Write(shta76.Cells[p[0, k] + 2, ColumnStartAim +
j], SumSort[0, 2, j, k]);
            Not0Write(shta76.Cells[p[0, k] + 4, ColumnStartAim +
j], SumSort[0, 4, j, k]);
            Not0Write(shta76.Cells[p[0, k] + 5, ColumnStartAim +
j], SumSort[0, 5, j, k]);
            Not0Write(shta76.Cells[p[0, k] + 6, ColumnStartAim +
j], SumSort[0, 6, j, k]);
```

```
                    break；
                case 4：
                        Not0Write(shta76. Cells[p[0，k] + 1，ColumnStartAim +
j]，SumSort[0，4，j，k]);
                        Not0Write(shta76. Cells[p[0，k] + 2，ColumnStartAim +
j]，SumSort[0，5，j，k]);
                        Not0Write(shta76. Cells[p[0，k] + 3，ColumnStartAim +
j]，SumSort[0，6，j，k]);
                        break；
                }
            }
        }
    }

    #endregion

    #region 写入表格 7-7
    RowStartAim = 4；
    ColumnStartAim = 6；
    shta77. Cells[RowStartAim，ColumnStartAim]. Resize(45，5). clearcon-
tents();

    for (int j = 0；j < 5；j++)
    {
        for (int k = 0；k < 8；k++)
        {
            if (p[1，k] ! = 0)
            {
                switch (PrefNum[k])
                {
                    case 6：
```

```
                    Not0Write(shta77. Cells[p[1, k], ColumnStartAim + j],
SumSort[1, 0, j, k]);
                        Not0Write(shta77. Cells[p[1, k] + 1, ColumnStartAim +
j], SumSort[1, 1, j, k]);
                        Not0Write(shta77. Cells[p[1, k] + 2, ColumnStartAim +
j], SumSort[1, 2, j, k]);
                        Not0Write(shta77. Cells[p[1, k] + 3, ColumnStartAim +
j], SumSort[1, 4, j, k]);
                        Not0Write(shta77. Cells[p[1, k] + 4, ColumnStartAim +
j], SumSort[1, 5, j, k]);
                        Not0Write(shta77. Cells[p[1, k] + 5, ColumnStartAim +
j], SumSort[1, 6, j, k]);
                    break;
                case 7:
                    Not0Write(shta77. Cells[p[1, k], ColumnStartAim + j],
SumSort[1, 0, j, k]);
                        Not0Write(shta77. Cells[p[1, k] + 1, ColumnStartAim +
j], SumSort[1, 1, j, k]);
                        Not0Write(shta77. Cells[p[1, k] + 2, ColumnStartAim +
j], SumSort[1, 2, j, k]);
                        Not0Write(shta77. Cells[p[1, k] + 4, ColumnStartAim +
j], SumSort[1, 4, j, k]);
                        Not0Write(shta77. Cells[p[1, k] + 5, ColumnStartAim +
j], SumSort[1, 5, j, k]);
                        Not0Write(shta77. Cells[p[1, k] + 6, ColumnStartAim +
j], SumSort[1, 6, j, k]);
                    break;
                case 4:
                    Not0Write(shta77. Cells[p[1, k] + 1, ColumnStartAim +
j], SumSort[1, 4, j, k]);
                        Not0Write(shta77. Cells[p[1, k] + 2, ColumnStartAim +
```

```
j], SumSort[1, 5, j, k]);
                    Not0Write(shta77. Cells[p[1, k] + 3, ColumnStartAim +
j], SumSort[1, 6, j, k]);
                    break;
                }
            }
        }
    }


#endregion

#region 写入表格 15-2 35kV 部分
RowStartAim = 5;
ColumnStartAim = 6;
RowDistance = 10;
ColumnDistance = 2;


    shta152. Cells[RowStartAim + 2, ColumnStartAim]. Resize(2,
ColumnDistance * 5). ClearContents();
        shta152. Cells[RowStartAim + 2, ColumnStartAim]. Offset(RowDis-
tance * 3, 0). Resize(2, ColumnDistance * 5). ClearContents();
        shta152. Cells[RowStartAim + 2, ColumnStartAim]. Offset(RowDis-
tance * 4, 0). Resize(2, ColumnDistance * 5). ClearContents();
        shta152. Cells[RowStartAim + 2, ColumnStartAim]. Offset(RowDis-
tance * 5, 0). Resize(2, ColumnDistance * 5). ClearContents();
        shta152. Cells[RowStartAim + 2, ColumnStartAim]. Offset(RowDis-
tance * 6, 0). Resize(2, ColumnDistance * 5). ClearContents();
        shta152. Cells[RowStartAim + 2, ColumnStartAim]. Offset(RowDis-
tance * 7, 0). Resize(2, ColumnDistance * 5). ClearContents();
        shta152. Cells[RowStartAim + 2, ColumnStartAim]. Offset(RowDis-
tance * 8, 0). Resize(2, ColumnDistance * 5). ClearContents();
```

```
for (i = 0; i < 9; i++)
{
    for (int j = 0; j < 5; j++)
    {
        RowAim = RowStartAim + RowDistance * i + 2;
        ColumnAim = ColumnStartAim + ColumnDistance * j;
        Not0Write(shta152.Cells[RowAim, ColumnAim], InvestSub[i, j,
0] / 10000 + InvestSub[i, j, 1] / 10000 + InvestSub[i, j, 2] / 10000);
        Not0Write(shta152.Cells[RowAim, ColumnAim + 1], InvestSub
[i, j, 0] / 10000 + InvestSub[i, j, 1] / 10000 + InvestSub[i, j, 2] / 10000);
        Not0Write(shta152.Cells[RowAim + 1, ColumnAim], InvestLine
[i, j, 0] / 10000 + InvestLine[i, j, 1] / 10000 + InvestLine[i, j, 2] / 10000);
        Not0Write(shta152.Cells[RowAim + 1, ColumnAim + 1], In-
vestLine[i, j, 0] / 10000 + InvestLine[i, j, 1] / 10000 + InvestLine[i, j, 2] /
10000);
    }
}
#endregion


#region 写入表格 15-3 35kV 部分
RowStartAim = 5;
ColumnStartAim = 4;
RowDistance = 4;
ColumnDistance = 2;


    shta153.Cells[RowStartAim + 1, ColumnStartAim].Resize(1,
ColumnDistance * 5).ClearContents();
        shta153.Cells[RowStartAim + 1, ColumnStartAim].Offset(RowDis-
tance * 3, 0).Resize(1, ColumnDistance * 5).ClearContents();
        shta153.Cells[RowStartAim + 1, ColumnStartAim].Offset(RowDis-
```

```
tance * 4, 0). Resize(1, ColumnDistance * 5). ClearContents();
        shta153. Cells[RowStartAim + 1, ColumnStartAim]. Offset(RowDis-
tance * 5, 0). Resize(1, ColumnDistance * 5). ClearContents();
        shta153. Cells[RowStartAim + 1, ColumnStartAim]. Offset(RowDis-
tance * 6, 0). Resize(1, ColumnDistance * 5). ClearContents();
        shta153. Cells[RowStartAim + 1, ColumnStartAim]. Offset(RowDis-
tance * 7, 0). Resize(1, ColumnDistance * 5). ClearContents();
        shta153. Cells[RowStartAim + 1, ColumnStartAim]. Offset(RowDis-
tance * 8, 0). Resize(1, ColumnDistance * 5). ClearContents();


        for (i = 0; i < 9; i++)
        {
          for (int j = 0; j < 5; j++)
          {
            RowAim = RowStartAim + RowDistance * i + 1;
            ColumnAim = ColumnStartAim + ColumnDistance * j;
            Not0Write(shta153. Cells[RowAim, ColumnAim], InvestTotal[i,
j, 2] / 10000);
            Not0Write(shta153. Cells[RowAim, ColumnAim + 1], Invest-
Total[i, j, 2] / 10000);
          }
        }
        #endregion

        #region 写入表格 15-4 35kV 部分
        RowStartAim = 4;
        ColumnStartAim = 4;

        shta154. Cells[RowStartAim, ColumnStartAim]. Offset(8, 0). Resize
(7, 5). ClearContents();
```

```
for (i = 0; i < 8; i++)
{
    for (int j = 0; j < 5; j++)
    {
        RowAim = i < 6 ? RowStartAim + i + 8 : RowStartAim + i - 1 + 8;
        ColumnAim = ColumnStartAim + j;
        Not0Write(shta154.Cells[RowAim, ColumnAim], InvestSort[0, j, i] / 10000);
    }
}
#endregion

#region 写入表格 15-5 35kV 部分
RowStartAim = 4;
ColumnStartAim = 4;

shta155.Cells[RowStartAim, ColumnStartAim].Offset(9, 0).Resize(8, 5).ClearContents();

for (i = 0; i < 8; i++)
{
    for (int j = 0; j < 5; j++)
    {
        Not0Write(shta155.Cells[RowStartAim + i + 9, ColumnStartAim + j], InvestSort[1, j, i] / 10000);
    }
}
#endregion

MessageBox.Show("35kV 电网规模及投资计算完毕!");
```

```
    }
```

5.2.4　10kV 电网项目计算

```
public void 电网 10kV()
    {
        #region 调取自定义的市区名称
        XmlDocument xmlDoc = new XmlDocument();
        xmlDoc.Load(settingPath);
        XmlNode xnRoot = xmlDoc.SelectSingleNode("/root");
        int n = 0;
        int m = 0;
        foreach (XmlNode xn in xnRoot.ChildNodes)
        {
            if (xn.Name == "city")
            {
                n = n + 1;
            }
        }
        string[] CityName = new string[n];
        foreach (XmlNode xn in xnRoot.ChildNodes)
        {
            if (xn.Name == "city")
            {
                CityName[m] = xn.InnerText;
                CityName[m] = Regex.Replace(CityName[m], @"[\r\n]",
"");  //去除换行符
                m = m + 1;
            }
        }
        #endregion

        Excel.Workbook wbd = xapp.ActiveWorkbook;
```

```
        Excel. Worksheet shta82 = (Excel. Worksheet)wbd. Worksheets. get_
Item("8-2");
        Excel. Worksheet shta83 = (Excel. Worksheet)wbd. Worksheets. get_
Item("8-3");
        Excel. Worksheet shta84 = (Excel. Worksheet)wbd. Worksheets. get_
Item("8-4");
        Excel. Worksheet shta85 = (Excel. Worksheet)wbd. Worksheets. get_
Item("8-5");
        Excel. Worksheet shta86 = (Excel. Worksheet)wbd. Worksheets. get_
Item("8-6");
        Excel. Worksheet shta87 = (Excel. Worksheet)wbd. Worksheets. get_
Item("8-7");
        Excel. Worksheet shta88 = (Excel. Worksheet)wbd. Worksheets. get_
Item("8-8");
        Excel. Worksheet shta89 = (Excel. Worksheet)wbd. Worksheets. get_
Item("8-9");
        Excel. Worksheet shta152 = (Excel. Worksheet)wbd. Worksheets. get_
Item("15-2");
        Excel. Worksheet shta153 = (Excel. Worksheet)wbd. Worksheets. get_
Item("15-3");
        Excel. Worksheet shta154 = (Excel. Worksheet)wbd. Worksheets. get_
Item("15-4");
        Excel. Worksheet shta155 = (Excel. Worksheet)wbd. Worksheets. get_
Item("15-5");


        #region //打开项目清册
        MessageBox. Show("请打开项目清册");
        string fileNameProjectList;
        fileNameProjectList = "";
        OpenFileDialog fd = new OpenFileDialog();
        fd. Filter = "EXCEL 文件| * . xls; * . xlsx; * . xlsm";
```

```
if (fd. ShowDialog() == DialogResult. OK)
{
    fileNameProjectList = fd. FileName;
}
else
{
    MessageBox. Show("未打开项目清册,退出计算!");
    return;
}
#endregion

Excel. Workbook wbsProjectList = xapp. Workbooks. Open
(fileNameProjectList);
    Excel. Worksheet N10sht = (Excel. Worksheet) wbsProjectList.
Worksheets. get_Item("10(20、6)kV 电网新建工程");
    Excel. Worksheet R10sht = (Excel. Worksheet) wbsProjectList.
Worksheets. get_Item("10(20、6)kV 电网改造工程");

//1~9 分区;1~8 为年份,1 对应第一年;2 分别对应新建、改造
double[,,] Transformer10 = new double[9, 8, 2];//变压器
double[,,] Caption10 = new double[9, 8, 2];//容量
double[,,] CaptionJZ10 = new double[9, 8, 2];//净增容量
double[,,] TransformerFJHJ10 = new double[9, 8, 2];//非晶合金变
压器
double[,,] CaptionFJHJ10 = new double[9, 8, 2];//非晶合金容量
double[,,] LineNum10 = new double[9, 8, 2];//线路条数
double[,,] LengthJK10 = new double[9, 8, 2];//架空长度
double[,,] LengthJYX10 = new double[9, 8, 2];//架空绝缘线长度
double[,,] LengthDL10 = new double[9, 8, 2];//电缆长度
double[,,] LineNum380 = new double[9, 8, 2];//低压线路条数
double[,,] LengthJK380 = new double[9, 8, 2];//低压架空长度
```

```
double[,,] LengthJYX380 = new double[9, 8, 2];//低压架空绝缘线
长度

double[,,] LengthDL380 = new double[9, 8, 2];//低压电缆长度

double[,,] Meter380 = new double[9, 8, 2];//低压户表

double[,,] KGZ10 = new double[9, 8, 2];//开关站

double[,,] HWG10 = new double[9, 8, 2];//环网柜

double[,,] ZSKG10 = new double[9, 8, 2];//柱上开关

double[,,] DLFZX10 = new double[9, 8, 2];//电缆分支箱

double[,] LLKG10 = new double[9, 8];//联络开关

double[,] FDKG10 = new double[9, 8];//分段开关

double[,] LLHWG10 = new double[9, 8];//联络环网柜

double[,] FDHWG10 = new double[9, 8];//分段环网柜

double[,] PBwg10 = new double[9, 8];//配变无功

double[,] XLwg10 = new double[9, 8];//线路无功

double[,,] InvestSub10 = new double[9, 8, 2];//10 变电投资

double[,,] InvestLine10 = new double[9, 8, 2];//10 线路投资

double[,,] InvestKG10 = new double[9, 8, 2];//开关投资

double[,,] Invest380 = new double[9, 8, 2];//380 投资

double[,,] InvestTotal10380 = new double[9, 8, 2];//10 及 380 总
投资


//按工程属性分类汇总
double[,,,] SumSort10 = new double[2, 10, 8, 10];//[2,7,8,8]对应
市区/县域、子分类、年份、工程属性

double[,,] InvestSort10 = new double[2, 8, 10];//[2, 8, 8]对应市
区/县域、年份、工程属性
//工程属性统计的行数
int[] PrefNum10 = new int[10] { 10, 7, 10, 4, 7, 10, 7, 3, 2, 10 };
//工程属性统计值写入的行数,1 市区,2 县域
int[,] p10 = new int[2, 10] { { 28, 21, 11, 38, 4, 42, 52, 59, 62, 64
}, { 4, 31, 21, 38, 14, 42, 52, 59, 62, 64 } };
```

```
int i;
Excel. Range rngBlank，rngYear，rngPref，rngZone，rngCounty;
int FlagCounty;
string sBlank;
int Zone，Year，Pref;

#region 统计 10kV 新建规模
i = 5;
while (true)
{
    rngBlank = (Excel. Range)N10sht. Cells[i，1];
    sBlank = rngBlank. Text. ToString();
    if (sBlank. Length == 0)
    {
        break;
    }
    else
    {
        FlagCounty = 1;
        rngYear = (Excel. Range)N10sht. Cells[i，N10. 投产年];
        rngCounty = (Excel. Range)N10sht. Cells[i，N10. 县域];
        rngZone = (Excel. Range)N10sht. Cells[i，N10. 分区];
        rngPref = (Excel. Range)N10sht. Cells[i，N10. 工程属性];

        Zone = ZoneRngToInt(rngZone. Text);
        Pref = prefRngToInt10(rngPref. Text);
        Year = int. Parse(rngYear. Text) - 2016;

        #region 市区
        if (StrHasArr(rngCounty. Text，CityName))
```

```
            {
                FlagCounty = 0；
                Transformer10[0，Year，0] += RngToDouble((Excel.
Range)N10sht.Cells[i，N10.配电室台数])；
                Transformer10[0，Year，0] += RngToDouble((Excel.
Range)N10sht.Cells[i，N10.箱变台数])；
                Transformer10[0，Year，0] += RngToDouble((Excel.
Range)N10sht.Cells[i，N10.柱上变台数])；
                Caption10[0，Year，0] += RngToDouble((Excel.
Range)N10sht.Cells[i，N10.配电室容量]) / 1000；
                Caption10[0，Year，0] += RngToDouble((Excel.
Range)N10sht.Cells[i，N10.箱变容量]) / 1000；
                Caption10[0，Year，0] += RngToDouble((Excel.
Range)N10sht.Cells[i，N10.柱上变容量]) / 1000；
                TransformerFJHJ10[0，Year，0] += RngToDouble
((Excel.Range)N10sht.Cells[i，N10.非晶台数])；
                CaptionFJHJ10[0，Year，0] += RngToDouble((Excel.
Range)N10sht.Cells[i，N10.非晶容量]) / 1000；
                if (RngToDouble((Excel.Range)N10sht.Cells[i，N10.中
压架空]) + RngToDouble((Excel.Range)N10sht.Cells[i，N10.中压电缆]) != 0)
                {
                    LineNum10[0，Year，0] += 1；
                }
                LengthJK10[0，Year，0] += RngToDouble((Excel.
Range)N10sht.Cells[i，N10.中压架空])；
                LengthDL10[0，Year，0] += RngToDouble((Excel.
Range)N10sht.Cells[i，N10.中压电缆])；
                KGZ10[0，Year，0] += RngToDouble((Excel.Range)
N10sht.Cells[i，N10.开闭所])；
                HWG10[0，Year，0] += RngToDouble((Excel.Range)
N10sht.Cells[i，N10.环网柜])；
```

```
            ZSKG10[0, Year, 0] += RngToDouble((Excel. Range)
N10sht. Cells[i, N10. 柱上开关]);
            DLFZX10[0, Year, 0] += RngToDouble((Excel.
Range)N10sht. Cells[i, N10. 电缆分支箱]);
            FDKG10[0, Year] += RngToDouble((Excel. Range)
N10sht. Cells[i, N10. 分段开关]);
            LLKG10[0, Year] += RngToDouble((Excel. Range)
N10sht. Cells[i, N10. 联络开关]);
            FDHWG10[0, Year] += RngToDouble((Excel. Range)
N10sht. Cells[i, N10. 分段环网柜]);
            LLHWG10[0, Year] += RngToDouble((Excel. Range)
N10sht. Cells[i, N10. 联络环网柜]);
            PBwg10[0, Year] += RngToDouble((Excel. Range)
N10sht. Cells[i, N10. 配变无功]) / 1000;
            XLwg10[0, Year] += RngToDouble((Excel. Range)
N10sht. Cells[i, N10. 线路无功]) / 1000;
            LineNum380[0, Year, 0] += RngToDouble((Excel.
Range)N10sht. Cells[i, N10. 低压架空条数]);
            LineNum380[0, Year, 0] += RngToDouble((Excel.
Range)N10sht. Cells[i, N10. 低压电缆条数]);
            LengthJK380[0, Year, 0] += RngToDouble((Excel.
Range)N10sht. Cells[i, N10. 低压架空长度]);
            LengthDL380[0, Year, 0] += RngToDouble((Excel.
Range)N10sht. Cells[i, N10. 低压电缆长度]);
            Meter380[0, Year, 0] += RngToDouble((Excel. Range)
N10sht. Cells[i, N10. 户表]);
            InvestSub10[0, Year, 0] += RngToDouble((Excel.
Range)N10sht. Cells[i, N10. 配变投资]);
            InvestLine10[0, Year, 0] += RngToDouble((Excel.
Range)N10sht. Cells[i, N10. 中压线路投资]);
            InvestKG10[0, Year, 0] += RngToDouble((Excel.
```

Range)N10sht. Cells[i，N10. 开关投资]);

　　　　　　　Invest380［0，Year，0］ + = RngToDouble((Excel.
Range)N10sht. Cells[i，N10. 低压架空投资]);

　　　　　　　Invest380［0，Year，0］ + = RngToDouble((Excel.
Range)N10sht. Cells[i，N10. 低压电缆投资]);

　　　　　　　Invest380［0，Year，0］ + = RngToDouble((Excel.
Range)N10sht. Cells[i，N10. 户表投资]);

　　　　　　　InvestTotal10380［0，Year，0］ + = RngToDouble
((Excel. Range)N10sht. Cells[i，N10. 总投资]);

　　　　　　}

　　　　　#endregion

　　　　　#region B、C、D 区计算

　　　　　　Transformer10[Zone，Year，0］ + = RngToDouble((Excel.
Range)N10sht. Cells[i，N10. 配电室台数]);

　　　　　　SumSort10[FlagCounty，2，Year，Pref］ + = RngToDouble
((Excel. Range)N10sht. Cells[i，N10. 配电室台数]);

　　　　　　Transformer10[Zone，Year，0］ + = RngToDouble((Excel.
Range)N10sht. Cells[i，N10. 箱变台数]);

　　　　　　SumSort10[FlagCounty，2，Year，Pref］ + = RngToDouble
((Excel. Range)N10sht. Cells[i，N10. 箱变台数]);

　　　　　　Transformer10[Zone，Year，0］ + = RngToDouble((Excel.
Range)N10sht. Cells[i，N10. 柱上变台数]);

　　　　　　SumSort10[FlagCounty，2，Year，Pref］ + = RngToDouble
((Excel. Range)N10sht. Cells[i，N10. 柱上变台数]);

　　　　　　Caption10[Zone，Year，0］ += RngToDouble((Excel. Range)
N10sht. Cells[i，N10. 配电室容量]) / 1000;

　　　　　　SumSort10[FlagCounty，3，Year，Pref］ + = RngToDouble
((Excel. Range)N10sht. Cells[i，N10. 配电室容量]) / 1000;

　　　　　　Caption10[Zone，Year，0］ += RngToDouble((Excel. Range)

N10sht. Cells[i, N10. 箱变容量]) / 1000；

　　　　SumSort10[FlagCounty, 3, Year, Pref] ＋＝ RngToDouble
((Excel. Range)N10sht. Cells[i, N10. 箱变容量]) / 1000；

　　　　Caption10[Zone, Year, 0] ＋＝ RngToDouble((Excel. Range)
N10sht. Cells[i, N10. 柱上变容量]) / 1000；

　　　　SumSort10[FlagCounty, 3, Year, Pref] ＋＝ RngToDouble
((Excel. Range)N10sht. Cells[i, N10. 柱上变容量]) / 1000；

　　　　TransformerFJHJ10[Zone, Year, 0] ＋＝ RngToDouble
((Excel. Range)N10sht. Cells[i, N10. 非晶台数])；

　　　　CaptionFJHJ10[Zone, Year, 0] ＋＝ RngToDouble((Excel.
Range)N10sht. Cells[i, N10. 非晶容量]) / 1000；

　　　　if (RngToDouble((Excel. Range)N10sht. Cells[i, N10. 中压架
空]) ＋ RngToDouble((Excel. Range)N10sht. Cells[i, N10. 中压电缆])！＝ 0)

　　　　　　{

　　　　　　　　LineNum10[Zone, Year, 0] ＋＝ 1；

　　　　　　}

　　　　LengthJK10[Zone, Year, 0] ＋＝ RngToDouble ((Excel.
Range)N10sht. Cells[i, N10. 中压架空])；

　　　　SumSort10[FlagCounty, 0, Year, Pref] ＋＝ RngToDouble
((Excel. Range)N10sht. Cells[i, N10. 中压架空])；

　　　　LengthDL10[Zone, Year, 0] ＋＝ RngToDouble ((Excel.
Range)N10sht. Cells[i, N10. 中压电缆])；

　　　　SumSort10[FlagCounty, 1, Year, Pref] ＋＝ RngToDouble
((Excel. Range)N10sht. Cells[i, N10. 中压电缆])；

　　　　KGZ10[Zone, Year, 0] ＋＝ RngToDouble((Excel. Range)
N10sht. Cells[i, N10. 开闭所])；

　　　　SumSort10[FlagCounty, 4, Year, Pref] ＋＝ RngToDouble
((Excel. Range)N10sht. Cells[i, N10. 开闭所])；

　　　　HWG10[Zone, Year, 0] ＋＝ RngToDouble((Excel. Range)
N10sht. Cells[i, N10. 环网柜])；

　　　　SumSort10[FlagCounty, 5, Year, Pref] ＋＝ RngToDouble

((Excel. Range)N10sht. Cells[i, N10. 环网柜]);

ZSKG10[Zone, Year, 0] += RngToDouble((Excel. Range) N10sht. Cells[i, N10. 柱上开关]);

SumSort10[FlagCounty, 6, Year, Pref] += RngToDouble ((Excel. Range)N10sht. Cells[i, N10. 柱上开关]);

DLFZX10[Zone, Year, 0] += RngToDouble((Excel. Range) N10sht. Cells[i, N10. 电缆分支箱]);

FDKG10[Zone, Year] += RngToDouble((Excel. Range) N10sht. Cells[i, N10. 分段开关]);

LLKG10[Zone, Year] += RngToDouble((Excel. Range) N10sht. Cells[i, N10. 联络开关]);

FDHWG10[Zone, Year] += RngToDouble((Excel. Range) N10sht. Cells[i, N10. 分段环网柜]);

LLHWG10[Zone, Year] += RngToDouble((Excel. Range) N10sht. Cells[i, N10. 联络环网柜]);

PBwg10[Zone, Year] += RngToDouble((Excel. Range) N10sht. Cells[i, N10. 配变无功]) / 1000;

XLwg10[Zone, Year] += RngToDouble((Excel. Range) N10sht. Cells[i, N10. 线路无功]) / 1000;

LineNum380[Zone, Year, 0] += RngToDouble((Excel. Range)N10sht. Cells[i, N10. 低压架空条数]);

LineNum380[Zone, Year, 0] += RngToDouble((Excel. Range)N10sht. Cells[i, N10. 低压电缆条数]);

LengthJK380[Zone, Year, 0] += RngToDouble((Excel. Range)N10sht. Cells[i, N10. 低压架空长度]);

SumSort10[FlagCounty, 7, Year, Pref] += RngToDouble ((Excel. Range)N10sht. Cells[i, N10. 低压架空长度]);

LengthDL380[Zone, Year, 0] += RngToDouble((Excel. Range)N10sht. Cells[i, N10. 低压电缆长度]);

SumSort10[FlagCounty, 8, Year, Pref] += RngToDouble ((Excel. Range)N10sht. Cells[i, N10. 低压电缆长度]);

```
                Meter380[Zone, Year, 0] += RngToDouble((Excel. Range)
N10sht. Cells[i, N10. 户表]);
                SumSort10[FlagCounty, 9, Year, Pref] += RngToDouble
((Excel. Range)N10sht. Cells[i, N10. 户表]);
                InvestSub10[Zone, Year, 0] += RngToDouble((Excel.
Range)N10sht. Cells[i, N10. 配变投资]);
                InvestLine10[Zone, Year, 0] += RngToDouble((Excel.
Range)N10sht. Cells[i, N10. 中压线路投资]);
                InvestKG10[Zone, Year, 0] += RngToDouble((Excel.
Range)N10sht. Cells[i, N10. 开关投资]);
                Invest380[Zone, Year, 0] += RngToDouble((Excel. Range)
N10sht. Cells[i, N10. 低压架空投资]);
                Invest380[Zone, Year, 0] += RngToDouble((Excel. Range)
N10sht. Cells[i, N10. 低压电缆投资]);
                Invest380[Zone, Year, 0] += RngToDouble((Excel. Range)
N10sht. Cells[i, N10. 户表投资]);
                InvestTotal10380[Zone, Year, 0] += RngToDouble((Excel.
Range)N10sht. Cells[i, N10. 总投资]);
                InvestSort10[FlagCounty, Year, Pref] += RngToDouble
((Excel. Range)N10sht. Cells[i, N10. 总投资]);


                #endregion


            }
        i++;

    }


    #endregion


    #region 统计 10kV 改造规模
    i = 5;
```

```
while (true)
{
    rngBlank = (Excel. Range)R10sht. Cells[i, 1];
    sBlank = rngBlank. Text. ToString();
    if (sBlank. Length == 0)
    {
        break;
    }
    else
    {
        FlagCounty = 1;
        rngYear = (Excel. Range)R10sht. Cells[i, R10. 投产年];
        rngCounty = (Excel. Range)R10sht. Cells[i, R10. 县域];
        rngZone = (Excel. Range)R10sht. Cells[i, R10. 分区];
        rngPref = (Excel. Range)R10sht. Cells[i, R10. 工程属性];

        Year = int. Parse(rngYear. Text) - 2016;
        Zone = ZoneRngToInt(rngZone. Text);
        Pref = prefRngToInt10(rngPref. Text);

        #region 市区
        if (StrHasArr(rngCounty. Text, CityName))
        {
            FlagCounty = 0;
            Transformer10[0, Year, 1] += RngToDouble((Excel.
Range)R10sht. Cells[i, R10. 配变台数]);
            Caption10 [0, Year, 1] += RngToDouble (( Excel.
Range)R10sht. Cells[i, R10. 改造后容量]) / 1000;
            CaptionJZ10[0, Year, 1] += RngToDouble (( Excel.
Range)R10sht. Cells[i, R10. 改造后容量]) / 1000 - RngToDouble((Excel. Range)
R10sht. Cells[i, R10. 改造前容量]) / 1000;
```

```
                TransformerFJHJ10[0, Year, 1] += RngToDouble
((Excel.Range)R10sht.Cells[i, R10.非晶台数]);
                CaptionFJHJ10[0, Year, 1] += RngToDouble((Excel.
Range)R10sht.Cells[i, R10.非晶容量]) / 1000;
                if (RngToDouble((Excel.Range)R10sht.Cells[i, R10.中
压架空]) + RngToDouble((Excel.Range)R10sht.Cells[i, R10.中压电缆]) != 0)
                {
                    LineNum10[0, Year, 1] += 1;
                }
                LengthJK10[0, Year, 1] += RngToDouble((Excel.
Range)R10sht.Cells[i, R10.中压架空]);
                LengthJYX10[0, Year, 1] += RngToDouble((Excel.
Range)R10sht.Cells[i, R10.中压架空绝缘]);
                LengthDL10[0, Year, 1] += RngToDouble((Excel.
Range)R10sht.Cells[i, R10.中压电缆]);
                HWG10[0, Year, 1] += RngToDouble((Excel.Range)
R10sht.Cells[i, R10.环网柜]);
                ZSKG10[0, Year, 1] += RngToDouble((Excel.Range)
R10sht.Cells[i, R10.断路器]);
                ZSKG10[0, Year, 1] += RngToDouble((Excel.Range)
R10sht.Cells[i, R10.负荷开关]);
                DLFZX10[0, Year, 1] += RngToDouble((Excel.
Range)R10sht.Cells[i, R10.电缆分支箱]);
                LineNum380[0, Year, 1] += RngToDouble((Excel.
Range)R10sht.Cells[i, R10.低压架空条数]);
                LineNum380[0, Year, 1] += RngToDouble((Excel.
Range)R10sht.Cells[i, R10.低压电缆条数]);
                LengthJK380[0, Year, 1] += RngToDouble((Excel.
Range)R10sht.Cells[i, R10.低压架空长度]);
                LengthDL380[0, Year, 1] += RngToDouble((Excel.
Range)R10sht.Cells[i, R10.低压电缆长度]);
```

```
                Meter380[0，Year，1] += RngToDouble((Excel.Range)
R10sht.Cells[i，R10.户表]);

                InvestSub10[0，Year，1] += RngToDouble((Excel.
Range)R10sht.Cells[i，R10.配变投资]);

                InvestSub10[0，Year，1] += RngToDouble((Excel.
Range)R10sht.Cells[i，R10.无功投资]);

                InvestLine10[0，Year，1] += RngToDouble((Excel.
Range)R10sht.Cells[i，R10.中压架空投资]);

                InvestLine10[0，Year，1] += RngToDouble((Excel.
Range)R10sht.Cells[i，R10.中压电缆投资]);

                InvestKG10[0，Year，1] += RngToDouble((Excel.
Range)R10sht.Cells[i，R10.开关投资]);

                Invest380[0，Year，1] += RngToDouble((Excel.
Range)R10sht.Cells[i，R10.低压架空投资]);

                Invest380[0，Year，1] += RngToDouble((Excel.
Range)R10sht.Cells[i，R10.低压电缆投资]);

                Invest380[0，Year，1] += RngToDouble((Excel.
Range)R10sht.Cells[i，R10.户表投资]);

                Invest380[0，Year，1] += RngToDouble((Excel.
Range)R10sht.Cells[i，R10.其他投资]);

                InvestTotal10380[0，Year，1] += RngToDouble
((Excel.Range)R10sht.Cells[i，R10.总投资]);

            }

        #endregion


        #region B、C、D 区计算


            Transformer10[Zone，Year，1] += RngToDouble((Excel.
Range)R10sht.Cells[i，R10.配变台数]);

            SumSort10[FlagCounty，2，Year，Pref] += RngToDouble
((Excel.Range)R10sht.Cells[i，R10.配变台数]) / 1000;
```

Caption10[Zone, Year, 1] += RngToDouble((Excel. Range) R10sht. Cells[i, R10. 改造后容量]) / 1000;

SumSort10[FlagCounty, 3, Year, Pref] += RngToDouble ((Excel. Range)R10sht. Cells[i, R10. 改造后容量]) / 1000;

CaptionJZ10[Zone, Year, 1] += RngToDouble ((Excel. Range)R10sht. Cells[i, R10. 改造后容量]) / 1000 - RngToDouble((Excel. Range) R10sht. Cells[i, R10. 改造前容量]) / 1000;

TransformerFJHJ10[Zone, Year, 1] += RngToDouble ((Excel. Range)R10sht. Cells[i, R10. 非晶台数]);

CaptionFJHJ10[Zone, Year, 1] += RngToDouble((Excel. Range)R10sht. Cells[i, R10. 非晶容量]) / 1000;

if (RngToDouble((Excel. Range)R10sht. Cells[i, R10. 中压架空]) + RngToDouble((Excel. Range)R10sht. Cells[i, R10. 中压电缆]) != 0)

```
{
    LineNum10[Zone, Year, 1] += 1;
}
```

LengthJK10[Zone, Year, 1] += RngToDouble ((Excel. Range)R10sht. Cells[i, R10. 中压架空]);

SumSort10[FlagCounty, 0, Year, Pref] += RngToDouble ((Excel. Range)R10sht. Cells[i, R10. 中压架空]);

LengthJYX10[Zone, Year, 1] += RngToDouble ((Excel. Range)R10sht. Cells[i, R10. 中压架空绝缘]);

LengthDL10[Zone, Year, 1] += RngToDouble ((Excel. Range)R10sht. Cells[i, R10. 中压电缆]);

SumSort10[FlagCounty, 1, Year, Pref] += RngToDouble ((Excel. Range)R10sht. Cells[i, R10. 中压电缆]);

HWG10[Zone, Year, 1] += RngToDouble((Excel. Range) R10sht. Cells[i, R10. 环网柜]);

SumSort10[FlagCounty, 5, Year, Pref] += RngToDouble ((Excel. Range)R10sht. Cells[i, R10. 环网柜]);

ZSKG10[Zone, Year, 1] += RngToDouble((Excel. Range)

R10sht. Cells[i, R10. 断路器]);

SumSort10[FlagCounty, 6, Year, Pref] += RngToDouble((Excel. Range)R10sht. Cells[i, R10. 断路器]);

ZSKG10[Zone, Year, 1] += RngToDouble((Excel. Range)R10sht. Cells[i, R10. 负荷开关]);

SumSort10[FlagCounty, 6, Year, Pref] += RngToDouble((Excel. Range)R10sht. Cells[i, R10. 负荷开关]);

DLFZX10[Zone, Year, 1] += RngToDouble((Excel. Range)R10sht. Cells[i, R10. 电缆分支箱]);

LineNum380[Zone, Year, 1] += RngToDouble((Excel. Range)R10sht. Cells[i, R10. 低压架空条数]);

LineNum380[Zone, Year, 1] += RngToDouble((Excel. Range)R10sht. Cells[i, R10. 低压电缆条数]);

LengthJK380[Zone, Year, 1] += RngToDouble((Excel. Range)R10sht. Cells[i, R10. 低压架空长度]);

SumSort10[FlagCounty, 7, Year, Pref] += RngToDouble((Excel. Range)R10sht. Cells[i, R10. 低压架空长度]);

LengthDL380[Zone, Year, 1] += RngToDouble((Excel. Range)R10sht. Cells[i, R10. 低压电缆长度]);

SumSort10[FlagCounty, 8, Year, Pref] += RngToDouble((Excel. Range)R10sht. Cells[i, R10. 低压电缆长度]);

Meter380[Zone, Year, 1] += RngToDouble((Excel. Range)R10sht. Cells[i, R10. 户表]);

SumSort10[FlagCounty, 9, Year, Pref] += RngToDouble((Excel. Range)R10sht. Cells[i, R10. 户表]);

InvestSub10[Zone, Year, 1] += RngToDouble((Excel. Range)R10sht. Cells[i, R10. 配变投资]);

InvestSub10[Zone, Year, 1] += RngToDouble((Excel. Range)R10sht. Cells[i, R10. 无功投资]);

InvestLine10[Zone, Year, 1] += RngToDouble((Excel. Range)R10sht. Cells[i, R10. 中压架空投资]);

```
                InvestLine10[Zone, Year, 1] += RngToDouble((Excel.
Range)R10sht.Cells[i, R10.中压电缆投资]);

                InvestKG10[Zone, Year, 1] += RngToDouble((Excel.
Range)R10sht.Cells[i, R10.开关投资]);

                Invest380[Zone, Year, 1] += RngToDouble((Excel.Range)
R10sht.Cells[i, R10.低压架空投资]);

                Invest380[Zone, Year, 1] += RngToDouble((Excel.Range)
R10sht.Cells[i, R10.低压电缆投资]);

                Invest380[Zone, Year, 1] += RngToDouble((Excel.Range)
R10sht.Cells[i, R10.户表投资]);

                Invest380[Zone, Year, 1] += RngToDouble((Excel.Range)
R10sht.Cells[i, R10.其他投资]);

                InvestTotal10380[Zone, Year, 1] += RngToDouble((Excel.
Range)R10sht.Cells[i, R10.总投资]);

                InvestSort10[FlagCounty, Year, Pref] += RngToDouble
((Excel.Range)R10sht.Cells[i, R10.总投资]);


                #endregion
            }
        i++;
    }


    #endregion

    #region 关闭项目清册
    wbsProjectList.Close();
    #endregion


    int RowStartAim, ColumnStartAim, RowDistance, ColumnDistance,
RowAim, ColumnAim;
        #region 写入表格 8-2
```

```
RowStartAim = 5;
ColumnStartAim = 8;
RowDistance = 9;
ColumnDistance = 2;
shta82. Cells[RowStartAim, ColumnStartAim]. Resize(RowDistance,
ColumnDistance * 5). clearcontents();
shta82. Cells[RowStartAim, ColumnStartAim]. Offset(RowDistance *
3, 0). Resize(RowDistance * 6, ColumnDistance * 5). ClearContents();

for (i = 0; i < 9; i++)
{
    for (int j = 0; j < 6; j++)
    {
        for (int k = 0; k < 2; k++)
        {
            RowAim=RowStartAim+RowDistance * i+4 * k;
            ColumnAim=ColumnStartAim+ColumnDistance * j;
            Not0Write ( shta82. Cells [ RowAim, ColumnAim ],
Transformer10[i, j, k]);
            Not0Write(shta82. Cells[RowAim, ColumnAim + 1],
Transformer10[i, j, k]);
        }
    }
}

for (i = 0; i < 9; i++)
{
    for (int j = 0; j < 6; j++)
    {
        for (int k = 0; k < 2; k++)
        {
```

```
                RowAim＝RowStartAim＋RowDistance * i＋4 * k＋1；
                ColumnAim＝ColumnStartAim＋ColumnDistance * j；
                Not0Write（shta82. Cells［RowAim， ColumnAim］,
Caption10［i, j, k］）；
                Not0Write（shta82. Cells［RowAim, ColumnAim ＋ 1］,
Caption10［i, j, k］）；
                    }
                }
            }


        for (i ＝ 0; i ＜ 9; i＋＋)
        {
            for (int j ＝ 0; j ＜ 6; j＋＋)
            {
                RowAim ＝ RowStartAim ＋ RowDistance * i ＋ 6；
                ColumnAim＝ColumnStartAim＋ColumnDistance * j；
                Not0Write （shta82. Cells ［RowAim， ColumnAim］,
CaptionJZ10［i, j, 1］）；
                Not0Write（shta82. Cells［RowAim, ColumnAim ＋ 1］,
CaptionJZ10［i, j, 1］）；
                }
            }


        for (i ＝ 0; i ＜ 9; i＋＋)
        {
            for (int j ＝ 0; j ＜ 6; j＋＋)
            {
                for (int k ＝ 0; k ＜ 2; k＋＋)
                {
                    RowAim＝RowStartAim＋RowDistance * i＋5 * k＋2；
                    ColumnAim＝ColumnStartAim＋ColumnDistance * j；
```

```
                    Not0Write ( shta82. Cells [ RowAim， ColumnAim ]，
TransformerFJHJ10[i，j，k]);
                    Not0Write ( shta82. Cells [RowAim，ColumnAim ＋ 1]，
TransformerFJHJ10[i，j，k]);
                }
            }
        }


        for (i = 0; i < 9; i++)
        {
            for (int j = 0; j < 6; j++)
            {
                for (int k = 0; k < 2; k++)
                {
                    RowAim＝RowStartAim＋RowDistance * i＋5 * k＋3;
                    ColumnAim＝ColumnStartAim＋ColumnDistance * j;
                    Not0Write ( shta82. Cells [ RowAim， ColumnAim ]，
CaptionFJHJ10[i，j，k]);
                    Not0Write ( shta82. Cells [RowAim，ColumnAim ＋ 1]，
CaptionFJHJ10[i，j，k]);
                }
            }
        }
        #endregion

        #region 写入表格 8-3
        RowStartAim = 5;
        ColumnStartAim = 8;
        RowDistance = 8;
        ColumnDistance = 2;
        shta83. Cells [RowStartAim，ColumnStartAim]. Resize ( RowDistance，
```

ColumnDistance * 5). clearcontents();

shta83. Cells[RowStartAim, ColumnStartAim]. Offset(RowDistance * 3, 0). Resize(RowDistance * 6, ColumnDistance * 5). ClearContents();

```
        for (i = 0; i < 9; i++)
        {
            for (int j = 0; j < 6; j++)
            {
                for (int k = 0; k < 2; k++)
                {
                    RowAim=RowStartAim+RowDistance * i+4 * k;
                    ColumnAim=ColumnStartAim+ColumnDistance * j;
                    Not0Write ( shta83. Cells [ RowAim, ColumnAim ],
LineNum10[i, j, k]);
                    Not0Write ( shta83. Cells [RowAim, ColumnAim + 1],
LineNum10[i, j, k]);
                }
            }
        }


        for (i = 0; i < 9; i++)
        {
            for (int j = 0; j < 6; j++)
            {
                for (int k = 0; k < 2; k++)
                {
                    RowAim=RowStartAim+RowDistance * i+4 * k+1;
                    ColumnAim=ColumnStartAim+ColumnDistance * j;
                    Not0Write ( shta83. Cells [ RowAim, ColumnAim ],
LengthJK10[i, j, k]);
                    Not0Write ( shta83. Cells [RowAim, ColumnAim + 1],
```

```
LengthJK10[i, j, k]);
                }
            }
        }


        for (i = 0; i < 9; i++)
        {
            for (int j = 0; j < 6; j++)
            {
                for (int k = 0; k < 2; k++)
                {
                    RowAim＝RowStartAim＋RowDistance * i＋4 * k＋2;
                    ColumnAim＝ColumnStartAim＋ColumnDistance * j;
                    Not0Write（shta83. Cells［RowAim，　ColumnAim］,
LengthJYX10[i, j, k]);
                    Not0Write（shta83. Cells［RowAim，ColumnAim ＋ 1］,
LengthJYX10[i, j, k]);
                }
            }
        }


        for (i = 0; i < 9; i++)
        {
            for (int j = 0; j < 6; j++)
            {
                for (int k = 0; k < 2; k++)
                {
                    RowAim＝RowStartAim＋RowDistance * i＋4 * k＋3;
                    ColumnAim＝ColumnStartAim＋ColumnDistance * j;
                    Not0Write（shta83. Cells［RowAim，ColumnAim］,
LengthDL10[i, j, k]);
```

Not0Write（shta83. Cells［RowAim，ColumnAim ＋ 1］，
LengthDL10［i，j，k］）；

                    }

                }

            }

    ♯endregion

    ♯region 写入表格 8-4

    RowStartAim = 5；

    ColumnStartAim = 7；

    RowDistance = 8；

    ColumnDistance = 2；

    shta84. Cells［RowStartAim，ColumnStartAim］. Resize（RowDistance，
ColumnDistance ＊ 5）. clearcontents（）；

        shta84. Cells［RowStartAim，ColumnStartAim］. Offset（RowDistance ＊
3，0）. Resize（RowDistance ＊ 6，ColumnDistance ＊ 5）. ClearContents（）；

    for （i = 0；i ＜ 9；i＋＋）

    {

        for （int j = 0；j ＜ 6；j＋＋）

        {

            for （int k = 0；k ＜ 2；k＋＋）

            {

                RowAim＝RowStartAim＋RowDistance＊i＋4＊k；

                ColumnAim＝ColumnStartAim＋ColumnDistance＊j；

                Not0Write（shta84. Cells［RowAim，ColumnAim］，KGZ10
［i，j，k］）；

                Not0Write（shta84. Cells［RowAim，ColumnAim ＋ 1］，
KGZ10［i，j，k］）；

                }

            }

```
        }

    for (i = 0; i < 9; i++)
    {
        for (int j = 0; j < 6; j++)
        {
            for (int k = 0; k < 2; k++)
            {
                RowAim=RowStartAim+RowDistance*i+4*k+1;
                ColumnAim=ColumnStartAim+ColumnDistance*j;
                Not0Write ( shta84. Cells [ RowAim,  ColumnAim ],
HWG10[i, j, k]);

                Not0Write ( shta84. Cells [RowAim, ColumnAim + 1],
HWG10[i, j, k]);

            }
        }
    }

    for (i = 0; i < 9; i++)
    {
        for (int j = 0; j < 6; j++)
        {
            for (int k = 0; k < 2; k++)
            {
                RowAim=RowStartAim+RowDistance*i+4*k+2;
                ColumnAim=ColumnStartAim+ColumnDistance*j;
                Not0Write ( shta84. Cells [ RowAim,  ColumnAim ],
ZSKG10[i, j, k]);

                Not0Write ( shta84. Cells [RowAim, ColumnAim + 1],
ZSKG10[i, j, k]);

            }
```

```
            }
    }

    for (i = 0; i < 9; i++)
    {
        for (int j = 0; j < 6; j++)
        {
            for (int k = 0; k < 2; k++)
            {
                RowAim=RowStartAim+RowDistance * i+4 * k+3;
                ColumnAim=ColumnStartAim+ColumnDistance * j;
                Not0Write ( shta84. Cells [ RowAim, ColumnAim ],
DLFZX10[i, j, k]);

                Not0Write ( shta84. Cells [RowAim, ColumnAim + 1],
DLFZX10[i, j, k]);
            }
        }
    }
    #endregion

    #region 写入表格 8-5
    RowStartAim = 4;
    ColumnStartAim = 7;
    RowDistance = 4;
    ColumnDistance = 1;
    shta85. Cells [RowStartAim, ColumnStartAim]. Resize (RowDistance,
ColumnDistance * 5). clearcontents();
        shta85. Cells[RowStartAim, ColumnStartAim]. Offset(RowDistance *
3, 0). Resize(RowDistance * 6, ColumnDistance * 5). ClearContents();

    for (i = 0; i < 9; i++)
```

```
    {
        for (int j = 0; j < 6; j++)
        {
            RowAim = RowStartAim + RowDistance * i;
            ColumnAim = ColumnStartAim + ColumnDistance * j;
            Not0Write(shta85.Cells[RowAim, ColumnAim], FDKG10[i, j]);
        }
    }

for (i = 0; i < 9; i++)
{
    for (int j = 0; j < 6; j++)
    {
        RowAim = RowStartAim + RowDistance * i + 1;
        ColumnAim = ColumnStartAim + ColumnDistance * j;
        Not0Write(shta85.Cells[RowAim, ColumnAim], LLKG10[i, j]);
    }
}

for (i = 0; i < 9; i++)
{
    for (int j = 0; j < 6; j++)
    {
        RowAim = RowStartAim + RowDistance * i + 2;
        ColumnAim = ColumnStartAim + ColumnDistance * j;
        Not0Write(shta85.Cells[RowAim, ColumnAim], FDHWG10
[i, j]);
    }
}

for (i = 0; i < 9; i++)
```

```
        {
            for (int j = 0; j < 6; j++)
            {
                RowAim = RowStartAim + RowDistance * i + 3;
                ColumnAim = ColumnStartAim + ColumnDistance * j;
                Not0Write(shta85. Cells[RowAim, ColumnAim], LLHWG10[i, j]);
            }
        }
        #endregion

        #region 写入表格 8-6
        RowStartAim = 5;
        ColumnStartAim = 6;
        RowDistance = 2;
        ColumnDistance = 2;
        shta86. Cells[RowStartAim, ColumnStartAim]. Resize(RowDistance, ColumnDistance * 5). clearcontents();
        shta86. Cells[RowStartAim, ColumnStartAim]. Offset(RowDistance * 3, 0). Resize(RowDistance * 6, ColumnDistance * 5). ClearContents();

        for (i = 0; i < 9; i++)
        {
            for (int j = 0; j < 6; j++)
            {
                RowAim = RowStartAim + RowDistance * i;
                ColumnAim = ColumnStartAim + ColumnDistance * j;
                Not0Write(shta86. Cells[RowAim, ColumnAim], PBwg10[i, j]);
                Not0Write(shta86. Cells[RowAim, ColumnAim + 1], PBwg10[i, j]);
            }
```

```
    }

for (i = 0; i < 9; i++)
{
    for (int j = 0; j < 6; j++)
    {
        RowAim = RowStartAim + RowDistance * i + 1;
        ColumnAim = ColumnStartAim + ColumnDistance * j;
        Not0Write(shta86. Cells[RowAim, ColumnAim], XLwg10[i, j]);
        Not0Write ( shta86. Cells [ RowAim, ColumnAim + 1],
XLwg10[i, j]);
    }
}


#endregion

#region 写入表格 8-7
RowStartAim = 5;
ColumnStartAim = 7;
RowDistance = 8;
ColumnDistance = 2;
shta87. Cells[RowStartAim, ColumnStartAim]. Resize ( RowDistance,
ColumnDistance * 5). clearcontents();
    shta87. Cells[RowStartAim, ColumnStartAim]. Offset(RowDistance *
3, 0). Resize(RowDistance * 6, ColumnDistance * 5). ClearContents();

for (i = 0; i < 9; i++)
{
    for (int j = 0; j < 6; j++)
    {
        for (int k = 0; k < 2; k++)
```

```
            {
                RowAim=RowStartAim+RowDistance*i+4*k;
                ColumnAim=ColumnStartAim+ColumnDistance*j;
                Not0Write ( shta87. Cells [ RowAim, ColumnAim ],
LineNum380[i, j, k]);
                Not0Write ( shta87. Cells [ RowAim, ColumnAim + 1],
LineNum380[i, j, k]);
            }
        }
    }

    for (i = 0; i < 9; i++)
    {
        for (int j = 0; j < 6; j++)
        {
            for (int k = 0; k < 2; k++)
            {
                RowAim=RowStartAim+RowDistance*i+4*k+1;
                ColumnAim=ColumnStartAim+ColumnDistance*j;
                Not0Write ( shta87. Cells [ RowAim, ColumnAim ],
LengthJK380[i, j, k]);
                Not0Write ( shta87. Cells [ RowAim, ColumnAim + 1],
LengthJK380[i, j, k]);
            }
        }
    }

    for (i = 0; i < 9; i++)
    {
        for (int j = 0; j < 6; j++)
        {
```

```
                        for (int k = 0; k < 2; k++)
                        {
                                RowAim=RowStartAim+RowDistance * i+4 * k+2;
                                ColumnAim=ColumnStartAim+ColumnDistance * j;
                                Not0Write ( shta87. Cells [ RowAim, ColumnAim ],
LengthDL380[i, j, k]);
                                Not0Write ( shta87. Cells [RowAim, ColumnAim + 1],
LengthDL380[i, j, k]);
                        }
                }
        }

        for (i = 0; i < 9; i++)
        {
                for (int j = 0; j < 6; j++)
                {
                        for (int k = 0; k < 2; k++)
                        {
                                RowAim=RowStartAim+RowDistance * i+4 * k+3;
                                ColumnAim=ColumnStartAim+ColumnDistance * j;
                                Not0Write ( shta87. Cells [ RowAim, ColumnAim ],
Meter380[i, j, k]);
                                Not0Write ( shta87. Cells [RowAim, ColumnAim + 1],
Meter380[i, j, k]);
                        }
                }
        }
        #endregion

        #region 写入表格 8-8
        RowStartAim = 4;
```

```
ColumnStartAim = 6；

shta88. Cells [RowStartAim, ColumnStartAim]. Resize (70, 5).
clearcontents ()；


for (int j = 0; j < 5; j++)
{
    for (int k = 0; k < 10; k++)
    {

        switch (PrefNum10[k])
        {
            case 2：
                Not0Write (shta88. Cells [p10 [0, k],
ColumnStartAim + j], SumSort10[0, 2, j, k])；
                Not0Write (shta88. Cells [p10 [0, k] + 1,
ColumnStartAim + j], SumSort10[0, 3, j, k])；
                break；
            case 3：
                Not0Write (shta88. Cells [p10 [0, k],
ColumnStartAim + j], SumSort10[0, 0, j, k])；
                Not0Write (shta88. Cells [p10 [0, k] + 1,
ColumnStartAim + j], SumSort10[0, 1, j, k])；
                break；
            case 4：
                Not0Write (shta88. Cells [p10 [0, k],
ColumnStartAim + j], SumSort10[0, 0, j, k])；
                Not0Write (shta88. Cells [p10 [0, k] + 1,
ColumnStartAim + j], SumSort10[0, 1, j, k])；
                Not0Write (shta88. Cells [p10 [0, k] + 2,
ColumnStartAim + j], SumSort10[0, 2, j, k])；
                Not0Write (shta88. Cells [p10 [0, k] + 3,
```

```
ColumnStartAim + j], SumSort10[0, 3, j, k]);
                    break;
        case 7:
                Not0Write（shta88. Cells［p10［0, k],
ColumnStartAim + j], SumSort10[0, 0, j, k]);
                Not0Write（shta88. Cells［p10［0, k] + 1,
ColumnStartAim + j], SumSort10[0, 1, j, k]);
                Not0Write（shta88. Cells［p10［0, k] + 2,
ColumnStartAim + j], SumSort10[0, 2, j, k]);
                Not0Write（shta88. Cells［p10［0, k] + 3,
ColumnStartAim + j], SumSort10[0, 3, j, k]);
                Not0Write（shta88. Cells［p10［0, k] + 4,
ColumnStartAim + j], SumSort10[0, 4, j, k]);
                Not0Write（shta88. Cells［p10［0, k] + 5,
ColumnStartAim + j], SumSort10[0, 5, j, k]);
                Not0Write（shta88. Cells［p10［0, k] + 6,
ColumnStartAim + j], SumSort10[0, 6, j, k]);
                    break;
        case 10:
                Not0Write（shta88. Cells［p10［0, k],
ColumnStartAim + j], SumSort10[0, 0, j, k]);
                Not0Write（shta88. Cells［p10［0, k] + 1,
ColumnStartAim + j], SumSort10[0, 1, j, k]);
                Not0Write（shta88. Cells［p10［0, k] + 2,
ColumnStartAim + j], SumSort10[0, 2, j, k]);
                Not0Write（shta88. Cells［p10［0, k] + 3,
ColumnStartAim + j], SumSort10[0, 3, j, k]);
                Not0Write（shta88. Cells［p10［0, k] + 4,
ColumnStartAim + j], SumSort10[0, 4, j, k]);
                Not0Write（shta88. Cells［p10［0, k] + 5,
ColumnStartAim + j], SumSort10[0, 5, j, k]);
```

```
                    Not0Write ( shta88. Cells [ p10 [ 0， k ] ＋ 6，
ColumnStartAim ＋ j]，SumSort10[0, 6，j，k]);
                    Not0Write ( shta88. Cells [ p10 [ 0， k ] ＋ 7，
ColumnStartAim ＋ j]，SumSort10[0, 7，j，k]);
                    Not0Write ( shta88. Cells [ p10 [ 0， k ] ＋ 8，
ColumnStartAim ＋ j]，SumSort10[0, 8，j，k]);
                    Not0Write ( shta88. Cells [ p10 [ 0， k ] ＋ 9，
ColumnStartAim ＋ j]，SumSort10[0, 9，j，k]);
                        break;
                    }
                }
            }
        ＃endregion

        ＃region 写入表格 8-9
        RowStartAim ＝ 4;
        ColumnStartAim ＝ 6;
        shta89. Cells [ RowStartAim， ColumnStartAim ]. Resize ( 70， 5 ).
clearcontents();

        for (int j ＝ 0; j ＜ 5; j＋＋)
        {
            for (int k ＝ 0; k ＜ 10; k＋＋)
            {

                switch (PrefNum10[k])
                {
                    case 2:
                        Not0Write ( shta89. Cells [ p10 [ 1， k ],
ColumnStartAim ＋ j]，SumSort10[1, 2，j，k]);
                        Not0Write ( shta89. Cells [ p10 [ 1， k ] ＋ 1，
```

```
ColumnStartAim + j], SumSort10[1, 3, j, k]);
                break;
        case 3:
                Not0Write ( shta89. Cells [ p10 [ 1, k ],
ColumnStartAim + j], SumSort10[1, 0, j, k]);
                Not0Write ( shta89. Cells [ p10 [ 1, k ] + 1,
ColumnStartAim + j], SumSort10[1, 1, j, k]);
                break;
        case 4:
                Not0Write ( shta89. Cells [ p10 [ 1, k ],
ColumnStartAim + j], SumSort10[1, 0, j, k]);
                Not0Write ( shta89. Cells [ p10 [ 1, k ] + 1,
ColumnStartAim + j], SumSort10[1, 1, j, k]);
                Not0Write ( shta89. Cells [ p10 [ 1, k ] + 2,
ColumnStartAim + j], SumSort10[1, 2, j, k]);
                Not0Write ( shta89. Cells [ p10 [ 1, k ] + 3,
ColumnStartAim + j], SumSort10[1, 3, j, k]);
                break;
        case 7:
                Not0Write ( shta89. Cells [ p10 [ 1, k ],
ColumnStartAim + j], SumSort10[1, 0, j, k]);
                Not0Write ( shta89. Cells [ p10 [ 1, k ] + 1,
ColumnStartAim + j], SumSort10[1, 1, j, k]);
                Not0Write ( shta89. Cells [ p10 [ 1, k ] + 2,
ColumnStartAim + j], SumSort10[1, 2, j, k]);
                Not0Write ( shta89. Cells [ p10 [ 1, k ] + 3,
ColumnStartAim + j], SumSort10[1, 3, j, k]);
                Not0Write ( shta89. Cells [ p10 [ 1, k ] + 4,
ColumnStartAim + j], SumSort10[1, 4, j, k]);
                Not0Write ( shta89. Cells [ p10 [ 1, k ] + 5,
ColumnStartAim + j], SumSort10[1, 5, j, k]);
```

```
                    Not0Write ( shta89. Cells [ p10 [ 1, k ] + 6,
ColumnStartAim + j], SumSort10[1, 6, j, k]);
                    break;
             case 10:
                    Not0Write ( shta89. Cells [ p10 [ 1, k ],
ColumnStartAim + j], SumSort10[1, 0, j, k]);
                    Not0Write ( shta89. Cells [ p10 [ 1, k ] + 1,
ColumnStartAim + j], SumSort10[1, 1, j, k]);
                    Not0Write ( shta89. Cells [ p10 [ 1, k ] + 2,
ColumnStartAim + j], SumSort10[1, 2, j, k]);
                    Not0Write ( shta89. Cells [ p10 [ 1, k ] + 3,
ColumnStartAim + j], SumSort10[1, 3, j, k]);
                    Not0Write ( shta89. Cells [ p10 [ 1, k ] + 4,
ColumnStartAim + j], SumSort10[1, 4, j, k]);
                    Not0Write ( shta89. Cells [ p10 [ 1, k ] + 5,
ColumnStartAim + j], SumSort10[1, 5, j, k]);
                    Not0Write ( shta89. Cells [ p10 [ 1, k ] + 6,
ColumnStartAim + j], SumSort10[1, 6, j, k]);
                    Not0Write ( shta89. Cells [ p10 [ 1, k ] + 7,
ColumnStartAim + j], SumSort10[1, 7, j, k]);
                    Not0Write ( shta89. Cells [ p10 [ 1, k ] + 8,
ColumnStartAim + j], SumSort10[1, 8, j, k]);
                    Not0Write ( shta89. Cells [ p10 [ 1, k ] + 9,
ColumnStartAim + j], SumSort10[1, 9, j, k]);
                    break;
             }
          }
       }
       #endregion


       #region 写入表格 15-2 10kV 部分
```

```
RowStartAim = 5;
ColumnStartAim = 6;
RowDistance = 10;
ColumnDistance = 2;


shta152. Cells [RowStartAim + 4, ColumnStartAim]. Resize (2,
ColumnDistance * 5). ClearContents();
shta152. Cells [RowStartAim + 4, ColumnStartAim]. Offset
(RowDistance * 3, 0). Resize(2, ColumnDistance * 5). ClearContents();
shta152. Cells [RowStartAim + 4, ColumnStartAim]. Offset
(RowDistance * 4, 0). Resize(2, ColumnDistance * 5). ClearContents();
shta152. Cells [RowStartAim + 4, ColumnStartAim]. Offset
(RowDistance * 5, 0). Resize(2, ColumnDistance * 5). ClearContents();
shta152. Cells [RowStartAim + 4, ColumnStartAim]. Offset
(RowDistance * 6, 0). Resize(2, ColumnDistance * 5). ClearContents();
shta152. Cells [RowStartAim + 4, ColumnStartAim]. Offset
(RowDistance * 7, 0). Resize(2, ColumnDistance * 5). ClearContents();
shta152. Cells [RowStartAim + 4, ColumnStartAim]. Offset
(RowDistance * 8, 0). Resize(2, ColumnDistance * 5). ClearContents();


for (i = 0; i < 9; i++)
{
    for (int j = 0; j < 5; j++)
    {
        RowAim = RowStartAim + RowDistance * i + 4;
        ColumnAim = ColumnStartAim + ColumnDistance * j;
        Not0Write (shta152. Cells [RowAim, ColumnAim],
InvestSub10[i, j, 0] / 10000 + InvestSub10[i, j, 1] / 10000);
        Not0Write (shta152. Cells [RowAim, ColumnAim + 1],
InvestSub10[i, j, 0] / 10000 + InvestSub10[i, j, 1] / 10000);
        Not0Write (shta152. Cells [RowAim + 1, ColumnAim],
```

InvestLine10[i, j, 0] / 10000 + InvestLine10[i, j, 1] / 10000);

Not0Write(shta152. Cells[RowAim + 1, ColumnAim + 1],
InvestLine10[i, j, 0] / 10000 + InvestLine10[i, j, 1] / 10000);

Not0Write (shta152. Cells [RowAim + 2, ColumnAim],
InvestKG10[i, j, 0] / 10000 + InvestKG10[i, j, 1] / 10000);

Not0Write(shta152. Cells[RowAim + 2, ColumnAim + 1],
InvestKG10[i, j, 0] / 10000 + InvestKG10[i, j, 1] / 10000);

Not0Write (shta152. Cells [RowAim + 3, ColumnAim],
Invest380[i, j, 0] / 10000 + Invest380[i, j, 1] / 10000);

Not0Write(shta152. Cells[RowAim + 3, ColumnAim + 1],
Invest380[i, j, 0] / 10000 + Invest380[i, j, 1] / 10000);

            }

        }

    #endregion

    #region 写入表格 15-3 10kV 部分
    RowStartAim = 5;
    ColumnStartAim = 4;
    RowDistance = 4;
    ColumnDistance = 2;

        shta153. Cells [RowStartAim + 2, ColumnStartAim]. Resize (1,
ColumnDistance * 5). ClearContents();

        shta153. Cells [RowStartAim + 2, ColumnStartAim]. Offset
(RowDistance * 3, 0). Resize(1, ColumnDistance * 5). ClearContents();

        shta153. Cells [RowStartAim + 2, ColumnStartAim]. Offset
(RowDistance * 4, 0). Resize(1, ColumnDistance * 5). ClearContents();

        shta153. Cells [RowStartAim + 2, ColumnStartAim]. Offset
(RowDistance * 5, 0). Resize(1, ColumnDistance * 5). ClearContents();

        shta153. Cells [RowStartAim + 2, ColumnStartAim]. Offset
(RowDistance * 6, 0). Resize(1, ColumnDistance * 5). ClearContents();

shta153. Cells［RowStartAim ＋ 2，ColumnStartAim］. Offset (RowDistance * 7，0). Resize(1，ColumnDistance * 5). ClearContents()；

shta153. Cells［RowStartAim ＋ 2，ColumnStartAim］. Offset (RowDistance * 8，0). Resize(1，ColumnDistance * 5). ClearContents()；

```
for (i = 0; i < 9; i++)
{
    for (int j = 0; j < 5; j++)
    {
        RowAim = RowStartAim + RowDistance * i + 2;
        ColumnAim = ColumnStartAim + ColumnDistance * j;
        Not0Write ( shta153. Cells [ RowAim, ColumnAim ],
InvestTotal10380[i, j, 1] / 10000);
        Not0Write ( shta153. Cells [ RowAim, ColumnAim + 1 ],
InvestTotal10380[i, j, 1] / 10000);
    }
}
#endregion

#region 写入表格 15-4 10kV 部分
RowStartAim = 4;
ColumnStartAim = 4;
```

shta154. Cells［RowStartAim，ColumnStartAim］. Offset(16，0). Resize (10，5). ClearContents()；

```
for (i = 0; i < 10; i++)
{
    for (int j = 0; j < 5; j++)
    {
        RowAim = RowStartAim + i + 16;
```

```
            ColumnAim = ColumnStartAim + j;
                Not0Write ( shta154. Cells [ RowAim, ColumnAim ],
InvestSort10[0, j, i] / 10000);
                }
        }
    #endregion


    #region 写入表格 15-5 10kV 部分
    RowStartAim = 4;
    ColumnStartAim = 4;

    shta155. Cells[RowStartAim, ColumnStartAim]. Offset(18, 0). Resize
(10, 5). ClearContents();

    for (i = 0; i < 10; i++)
    {
        for (int j = 0; j < 5; j++)
        {
                Not0Write ( shta155. Cells [ RowStartAim + i + 18,
ColumnStartAim + j], InvestSort10[1, j, i] / 10000);
        }
    }
    #endregion


    MessageBox. Show("10kV 电网规模及投资计算完毕!");
```

5.3 规模统计功能实现

5.3.1 县域信息初始化

在对电网项目规模进行统计分析前,首先应对县域信息进行定义,以便于系统区分各类供电区域。

```
using System;
```

```csharp
using System. Collections. Generic;
using System. ComponentModel;
using System. Data;
using System. Drawing;
using System. IO;
using System. Linq;using System. Text;
using System. Threading. Tasks;
using System. Windows. Forms;
using System. Xml;

namespace 规划工具箱
{
    public partial class F初始化 ：Form
    {
        string sCity，sCounty;

        public F初始化()
        {
            SettingExist();
            InitializeComponent();
            ShowCity();
            txbCity. Text ＝ sCity;
            ShowCounty();
            txbCounty. Text ＝ sCounty;
            ShowFolder();
        }

        #region 判断 setting 是否存在
        public void SettingExist()
        {
            string xmlPath;
```

```
xmlPath = @"D:\Excel 插件\setting. xml";
if (! Directory. Exists(@"D:\Excel 插件"))
{
    Directory. CreateDirectory(@"D:\Excel 插件");
}
if (! File. Exists(xmlPath))
{
    XmlDocument xmlDoc = new XmlDocument();
    XmlDeclaration dec = xmlDoc. CreateXmlDeclaration("1. 0", "utf-8", null);
    xmlDoc. AppendChild(dec);
    //创建一个根节点(一级)
    XmlElement root = xmlDoc. CreateElement("root");
    xmlDoc. AppendChild(root);
    //创建节点(二级)
    XmlNode node = xmlDoc. CreateElement("city");
    node. InnerText = "市区";
    root. AppendChild(node);
    node = xmlDoc. CreateElement("city");
    node. InnerText = "桥东区";
    root. AppendChild(node);
    node = xmlDoc. CreateElement("city");
    node. InnerText = "桥西区";
    root. AppendChild(node);
    node = xmlDoc. CreateElement("county");
    node. InnerText = "市区";
    root. AppendChild(node);
    node = xmlDoc. CreateElement("county");
    node. InnerText = "邢台县";
    root. AppendChild(node);
    node = xmlDoc. CreateElement("county");
```

```
node.InnerText = "沙河市";
root.AppendChild(node);
node = xmlDoc.CreateElement("county");
node.InnerText = "临城县";
root.AppendChild(node);
node = xmlDoc.CreateElement("county");
node.InnerText = "内丘县";
root.AppendChild(node);
node = xmlDoc.CreateElement("county");
node.InnerText = "柏乡县";
root.AppendChild(node);
node = xmlDoc.CreateElement("county");
node.InnerText = "隆尧县";
root.AppendChild(node);
node = xmlDoc.CreateElement("county");
node.InnerText = "任县";
root.AppendChild(node);
node = xmlDoc.CreateElement("county");
node.InnerText = "南和县";
root.AppendChild(node);
node = xmlDoc.CreateElement("county");
node.InnerText = "宁晋县";
root.AppendChild(node);
node = xmlDoc.CreateElement("county");
node.InnerText = "南宫市";
root.AppendChild(node);
node = xmlDoc.CreateElement("county");
node.InnerText = "巨鹿县";
root.AppendChild(node);
node = xmlDoc.CreateElement("county");
node.InnerText = "新河县";
```

```
            root. AppendChild(node);
            node = xmlDoc. CreateElement("county");
            node. InnerText = "广宗县";
            root. AppendChild(node);
            node = xmlDoc. CreateElement("county");
            node. InnerText = "平乡县";
            root. AppendChild(node);
            node = xmlDoc. CreateElement("county");
            node. InnerText = "威县";
            root. AppendChild(node);
            node = xmlDoc. CreateElement("county");
            node. InnerText = "清河县";
            root. AppendChild(node);
            node = xmlDoc. CreateElement("county");
            node. InnerText = "临西县";
            root. AppendChild(node);
            node = xmlDoc. CreateElement("folder");
            node. InnerText = "\一体化平台导入";
            root. AppendChild(node);
            xmlDoc. Save(xmlPath);
        }
    }
    #endregion

    #region 显示已定义好的市区目录
    public void ShowCity()
    {
        XmlDocument xmlDoc = new XmlDocument();
        xmlDoc. Load(@"D:\Excel 插件\setting. xml");
        XmlNode xnRoot = xmlDoc. SelectSingleNode("/root");
        int n = 0;
```

```
int k = 0;
foreach (XmlNode xn in xnRoot. ChildNodes)
{
    if (xn. Name == "city")
    {
        n = n + 1;
    }
}
foreach (XmlNode xn in xnRoot. ChildNodes)
{
    if (xn. Name == "city")
    {
        sCity += xn. InnerText;
        k = k + 1;
        if (k != n)
        {
            sCity += "\r\n";
        }
    }
}
}
#endregion


#region 显示已定义好的县域目录
public void ShowCounty()
{
    XmlDocument xmlDoc = new XmlDocument();
    xmlDoc. Load(@"D:\Excel 插件\setting. xml");
    XmlNode xnRoot = xmlDoc. SelectSingleNode("/root");
    int n = 0;
    int k = 0;
```

```
    foreach (XmlNode xn in xnRoot. ChildNodes)
    {
        if (xn. Name == "county")
        {
            n = n + 1;
        }
    }
    foreach (XmlNode xn in xnRoot. ChildNodes)
    {
        if (xn. Name == "county")
        {
            sCounty += xn. InnerText;
            k = k + 1;
            if (k ! = n)
            {
                sCounty += "\r\n";
            }
        }
    }
}
#endregion


#region 更新市区目录
public void UpdateCity()
{
    XmlDocument xmlDoc = new XmlDocument();
    xmlDoc. Load(@"D:\Excel 插件\setting. xml");
    XmlNode xnRoot = xmlDoc. SelectSingleNode("/root");
    int n = xnRoot. ChildNodes. Count;
    for (int i = n - 1; i >= 0; i--)
    {
```

```
        XmlNode xn = xnRoot. ChildNodes. Item(i);
        if (xn. Name == "city")
        {
            xnRoot. RemoveChild(xn);
        }
    }
    string[] s = txbCity. Text. Split('\n');
    foreach (string s1 in s)
    {
        if (! string. IsNullOrEmpty(s1) && ! string. IsNullOr-
WhiteSpace(s1))
        {
            XmlElement xn = xmlDoc. CreateElement("city");
            xn. InnerText = s1;
            xnRoot. AppendChild(xn);
        }
    }
    xmlDoc. Save(@"D:\Excel 插件\setting. xml");
}
#endregion


#region 更新县城目录
public void UpdateCounty()
{
    XmlDocument xmlDoc = new XmlDocument();
    xmlDoc. Load(@"D:\Excel 插件\setting. xml");
    XmlNode xnRoot = xmlDoc. SelectSingleNode("/root");
    int n = xnRoot. ChildNodes. Count;
    for (int i = n - 1; i >= 0; i--)
    {
        XmlNode xn = xnRoot. ChildNodes. Item(i);
```

```
        if (xn. Name == "county")
        {
            xnRoot. RemoveChild(xn);
        }
    }
    string[] s = txbCounty. Text. Split('\n');
    foreach (string s1 in s)
    {
        if (! string. IsNullOrEmpty (s1) && ! string. IsNullOr-
WhiteSpace(s1))
        {
            XmlElement xn = xmlDoc. CreateElement("county");
            xn. InnerText = s1;
            xnRoot. AppendChild(xn);
        }


    }
    xmlDoc. Save(@"D:\Excel 插件\setting. xml");
}
#endregion

#region 显示导出目录
public void ShowFolder()
{
    XmlDocument xmlDoc = new XmlDocument();
    xmlDoc. Load(@"D:\Excel 插件\setting. xml");
    XmlNode xnRoot = xmlDoc. SelectSingleNode("/root");
    foreach (XmlNode xn in xnRoot. ChildNodes)
    {
        if (xn. Name == "folder")
        {
```

```
                    txbFolder. Text = xn. InnerText;
                }
            }
        }
#endregion

#region 更新导出目录
public void UpdateFolder()
{
    XmlDocument xmlDoc = new XmlDocument();
    xmlDoc. Load(@"D:\Excel 插件\setting. xml");
    XmlNode xnRoot = xmlDoc. SelectSingleNode("/root");
    int n = xnRoot. ChildNodes. Count;
    for (int i = n - 1; i >= 0; i--)
    {
        XmlNode xn = xnRoot. ChildNodes. Item(i);
        if (xn. Name == "folder")
        {
            xnRoot. RemoveChild(xn);
        }
    }
    string[] s = txbFolder. Text. Split('\n');
    foreach (string s1 in s)
    {
        if (! string. IsNullOrEmpty(s1) && ! string. IsNullOr-
WhiteSpace(s1))
        {
            XmlElement xn = xmlDoc. CreateElement("folder");
            xn. InnerText = s1;
            xnRoot. AppendChild(xn);
        }
```

```
            }
        xmlDoc. Save(@"D:\Excel 插件\setting. xml");
    }
    #endregion

    private void btnSave_Click(object sender，EventArgs e)
    {
        UpdateCity();
        UpdateCounty();
        UpdateFolder();
        this. Close();
    }

    private void btnCancel_Click(object sender，EventArgs e)
    {
        this. Close();
    }
}
}
```

设计代码如下：

```
namespace 规划工具箱
{
    partial class F 初始化
    {
        /// <summary>
        /// Required designer variable.
        /// </summary>
        private System. ComponentModel. IContainer components = null;
```

```
/// <summary>
/// Clean up any resources being used.
/// </summary>
/// <param name="disposing">true if managed resources should be dis-
posed; otherwise, false. </param>
protected override void Dispose(bool disposing)
{
    if (disposing && (components ! = null))
    {
        components. Dispose();
    }
    base. Dispose(disposing);
}


#region Windows Form Designer generated code


/// <summary>
/// Required method for Designer support — do not modify
/// the contents of this method with the code editor.
/// </summary>
private void InitializeComponent()
{
    this. txbCity = new System. Windows. Forms. TextBox();
    this. label1 = new System. Windows. Forms. Label();
    this. btnSave = new System. Windows. Forms. Button();
    this. txbCounty = new System. Windows. Forms. TextBox();
    this. label2 = new System. Windows. Forms. Label();
    this. label3 = new System. Windows. Forms. Label();
    this. txbFolder = new System. Windows. Forms. TextBox();
    this. btnCancel = new System. Windows. Forms. Button();
```

```
this. SuspendLayout();
//
// txbCity
//
this. txbCity. Location = new System. Drawing. Point(72, 57);
this. txbCity. Margin = new System. Windows. Forms. Padding(5, 5,
5, 5);
this. txbCity. Multiline = true;
this. txbCity. Name = "txbCity";
this. txbCity. Size = new System. Drawing. Size(150, 212);
this. txbCity. TabIndex = 0;
//
// label1
//
this. label1. AutoSize = true;
this. label1. Font = new System. Drawing. Font("微软雅黑", 12F, Sys-
tem. Drawing. FontStyle. Regular, System. Drawing. GraphicsUnit. Point, ((byte)
(134)));
this. label1. Location = new System. Drawing. Point(118, 21);
this. label1. Margin = new System. Windows. Forms. Padding(5, 0,
5, 0);
this. label1. Name = "label1";
this. label1. Size = new System. Drawing. Size(42, 21);
this. label1. TabIndex = 1;
this. label1. Text = "市区";
//
// btnSave
//
this. btnSave. Location = new System. Drawing. Point(122, 379);
this. btnSave. Margin = new System. Windows. Forms. Padding(5, 5,
5, 5);
```

```
this. btnSave. Name = "btnSave";
this. btnSave. Size = new System. Drawing. Size(125, 40);
this. btnSave. TabIndex = 3;
this. btnSave. Text = "保存";
this. btnSave. UseVisualStyleBackColor = true;
this. btnSave. Click += new System. EventHandler(this. btnSave_Click);
//
// txbCounty
//
this. txbCounty. Location = new System. Drawing. Point(339, 57);
this. txbCounty. Margin = new System. Windows. Forms. Padding(5,
5, 5, 5);
this. txbCounty. Multiline = true;
this. txbCounty. Name = "txbCounty";
this. txbCounty. ScrollBars = System. Windows. Forms. ScrollBars. Both;
this. txbCounty. Size = new System. Drawing. Size(164, 212);
this. txbCounty. TabIndex = 4;
//
// label2
//
this. label2. AutoSize = true;
this. label2. Location = new System. Drawing. Point(388, 21);
this. label2. Margin = new System. Windows. Forms. Padding(5, 0,
5, 0);
this. label2. Name = "label2";
this. label2. Size = new System. Drawing. Size(74, 21);
this. label2. TabIndex = 5;
this. label2. Text = "县(市)";
//
// label3
//
```

```
        this.label3.AutoSize = true;
        this.label3.Location = new System.Drawing.Point(82,306);
        this.label3.Margin = new System.Windows.Forms.Padding(5,0,
5,0);
        this.label3.Name = "label3";
        this.label3.Size = new System.Drawing.Size(154,21);
        this.label3.TabIndex = 6;
        this.label3.Text = "一体化平台导入目录";
        //
        // txbFolder
        //
        this.txbFolder.Location = new System.Drawing.Point(246,306);
        this.txbFolder.Margin = new System.Windows.Forms.Padding(5,
5,5,5);
        this.txbFolder.Name = "txbFolder";
        this.txbFolder.Size = new System.Drawing.Size(248,29);
        this.txbFolder.TabIndex = 7;
        //
        // btnCancel
        //
        this.btnCancel.Location = new System.Drawing.Point(337,379);
        this.btnCancel.Margin = new System.Windows.Forms.Padding(5,
5,5,5);
        this.btnCancel.Name = "btnCancel";
        this.btnCancel.Size = new System.Drawing.Size(125,40);
        this.btnCancel.TabIndex = 8;
        this.btnCancel.Text = "取消";
        this.btnCancel.UseVisualStyleBackColor = true;
        this.btnCancel.Click += new System.EventHandler(this.btnCancel
_Click);
        //
```

```
// F 初始化
//
this. AutoScaleDimensions = new System. Drawing. SizeF(10F，21F)；
this. AutoScaleMode = System. Windows. Forms. AutoScaleMode. Font；
this. BackColor = System. Drawing. Color. White；
this. BackgroundImageLayout = System. Windows. Forms. ImageLay-
out. None；
this. ClientSize = new System. Drawing. Size(561，462)；
this. Controls. Add(this. btnCancel)；
this. Controls. Add(this. txbFolder)；
this. Controls. Add(this. label3)；
this. Controls. Add(this. label2)；
this. Controls. Add(this. txbCounty)；
this. Controls. Add(this. btnSave)；
this. Controls. Add(this. label1)；
this. Controls. Add(this. txbCity)；
this. Font = new System. Drawing. Font("微软雅黑"，12F，System.
Drawing. FontStyle. Regular，System. Drawing. GraphicsUnit. Point，((byte)
(134)))；
this. ForeColor = System. Drawing. SystemColors. ControlText；
this. Margin = new System. Windows. Forms. Padding(5，5，5，5)；
this. Name = "F 初始化"；
this. ShowIcon = false；
this. Text = "初始设置"；
this. ResumeLayout(false)；
this. PerformLayout()；

}


#endregion
```

```
        private System. Windows. Forms. TextBox txbCity；

        private System. Windows. Forms. Label label1；

        private System. Windows. Forms. Button btnSave；

        private System. Windows. Forms. TextBox txbCounty；

        private System. Windows. Forms. Label label2；

        private System. Windows. Forms. Label label3；

        private System. Windows. Forms. TextBox txbFolder；

        private System. Windows. Forms. Button btnCancel；

    }

}
```

最终界面：

5.3.2　电网建设规模统计（全部）

```
public void 各级电网计算_常规()

    {

            Excel. Workbook wbd ＝ xapp. ActiveWorkbook；
```

```
#region 调取自定义的市区、县域名称
XmlDocument xmlDoc = new XmlDocument();
xmlDoc. Load(settingPath);
XmlNode xnRoot = xmlDoc. SelectSingleNode("/root");
int nCity = 0;
int m = 0;
foreach (XmlNode xn in xnRoot. ChildNodes)
{
    if (xn. Name == "city")
    {
        nCity = nCity + 1;
    }
}
string[] CityName = new string[nCity];
foreach (XmlNode xn in xnRoot. ChildNodes)
{
    if (xn. Name == "city")
    {
        CityName[m] = xn. InnerText;
        CityName[m] = Regex. Replace(CityName[m], @"[\r\n]", "");
//去除换行符
        m = m + 1;
    }
}
int nCounty = 0;
m = 0;
foreach (XmlNode xn in xnRoot. ChildNodes)
{
    if (xn. Name == "county")
    {
        nCounty = nCounty + 1;
```

```
            }
      }
      string[] CountyName = new string[nCounty];
      foreach (XmlNode xn in xnRoot. ChildNodes)
      {
            if (xn. Name == "county")
            {
                  CountyName[m] = xn. InnerText;
                  CountyName[m] = Regex. Replace(CountyName[m], @"
[\r\n]", "");//去除换行符
                  m = m + 1;
            }
      }
      #endregion


      Excel. Workbook wb1 = xapp. ActiveWorkbook;
      Excel. Workbook wbsProjectList;


      #region 打开项目清册
      if (wb1. Name. IndexOf("清册") > -1)
      {
            wbsProjectList = wb1;
      }
      else
      {
            MessageBox. Show("请打开项目清册");
            string fileNameProjectList;
            fileNameProjectList = "";
            OpenFileDialog fd = new OpenFileDialog();
            fd. Filter = "EXCEL 文件| *. xls; *. xlsx; *. xlsm";
```

```
if (fd. ShowDialog() == DialogResult. OK)
{
    fileNameProjectList = fd. FileName;
}
else
{
    MessageBox. Show("未打开项目清册,退出计算!");
    return;
}
wbsProjectList = xapp. Workbooks. Open(fileNameProjectList);
}
Excel. Worksheet N110sht = (Excel. Worksheet)wbsProjectList. Work-
sheets. get_Item("110(66)kV 新扩建工程");
Excel. Worksheet SR110sht = (Excel. Worksheet)wbsProjectList. Work-
sheets. get_Item("110(66)kV 变电站改造工程");
Excel. Worksheet LR110sht = (Excel. Worksheet)wbsProjectList. Work-
sheets. get_Item("110(66)kV 线路改造工程");
Excel. Worksheet N35sht = (Excel. Worksheet)wbsProjectList. Workshe-
ets. get_Item("35kV 新扩建工程");
Excel. Worksheet SR35sht = (Excel. Worksheet)wbsProjectList. Work-
sheets. get_Item("35kV 变电站改造工程");
Excel. Worksheet LR35sht = (Excel. Worksheet)wbsProjectList. Work-
sheets. get_Item("35kV 线路改造工程");
Excel. Worksheet N10sht = (Excel. Worksheet)wbsProjectList. Workshe-
ets. get_Item("10(20、6)kV 电网新建工程");
Excel. Worksheet R10sht = (Excel. Worksheet)wbsProjectList. Workshe-
ets. get_Item("10(20、6)kV 电网改造工程");
#endregion

int i;
Excel. Range rngBlank, rngType, rngYear, rngCounty;
```

```csharp
        string sBlank;
        int Year, Type;

        int nYear = 5;

        #region 定义各电压等级数据存放数组
        nCounty += 1;//留有 1 个空余,以防部分县域定义不标准
        //110kV 电网 nCounty 县域数;nYear 年份;3 分别对应新建、扩建、改造

        double[,,] Substation110 = new double[nCounty, nYear, 3];//变电站
        double[,,] Transformer110 = new double[nCounty, nYear, 3];//变压器

        double[,,] Caption110 = new double[nCounty, nYear, 3];//容量
        double[,,] CaptionJZ110 = new double[nCounty, nYear, 3];//净增容量
        double[,,] LineNum110 = new double[nCounty, nYear, 3];//线路条数
        double[,,] LengthJK110 = new double[nCounty, nYear, 3];//架空长度
        double[,,] LengthDL110 = new double[nCounty, nYear, 3];//电缆长度

        double[,,] InvestSub110 = new double[nCounty, nYear, 3];//变电投资
        double[,,] InvestLine110 = new double[nCounty, nYear, 3];//线路投资

        double[,,] InvestTotal110 = new double[nCounty, nYear, 3];//总投资

        //35kV 电网 nCounty 县域数;nYear 年份;3 分别对应新建、扩建、改造

        double[,,] Substation35 = new double[nCounty, nYear, 3];//变电站
        double[,,] Transformer35 = new double[nCounty, nYear, 3];//变压器
        double[,,] Caption35 = new double[nCounty, nYear, 3];//容量
        double[,,] CaptionJZ35 = new double[nCounty, nYear, 3];//净增容量
        double[,,] LineNum35 = new double[nCounty, nYear, 3];//线路条数
        double[,,] LengthJK35 = new double[nCounty, nYear, 3];//架空长度
```

```
double[,,] LengthDL35 = new double[nCounty, nYear, 3];//电缆长度
double[,,] InvestSub35 = new double[nCounty, nYear, 3];//变电投资
double[,,] InvestLine35 = new double[nCounty, nYear, 3];//线路投资
double[,,] InvestTotal35 = new double[nCounty, nYear, 3];//总投资


//10kV 电网 nCounty 县域数;nYear 年份;2 分别对应新建、改造
double[,,] Transformer10 = new double[nCounty, nYear, 2];//变压器
double[,,] Caption10 = new double[nCounty, nYear, 2];//容量
double[,,] CaptionJZ10 = new double[nCounty, nYear, 2];//净增容量
double[,,] LineNum10 = new double[nCounty, nYear, 2];//线路条数
double[,,] LengthJK10 = new double[nCounty, nYear, 2];//架空长度
double[,,] LengthJYX10 = new double[nCounty, nYear, 2];//架空绝
缘线长度
double[,,] LengthDL10 = new double[nCounty, nYear, 2];//电缆长度
double[,,] LineNum380 = new double[nCounty, nYear, 2];//低压线路
条数
double[,,] LengthJK380 = new double[nCounty, nYear, 2];//低压架空
长度
double[,,] LengthJYX380 = new double[nCounty, nYear, 2];//低压架
空绝缘线长度
double[,,] LengthDL380 = new double[nCounty, nYear, 2];//低压电
缆长度
double[,,] Meter380 = new double[nCounty, nYear, 2];//低压户表
double[,,] KGZ10 = new double[nCounty, nYear, 2];//开关站
double[,,] HWG10 = new double[nCounty, nYear, 2];//环网柜
double[,,] ZSKG10 = new double[nCounty, nYear, 2];//柱上开关
double[,,] DLFZX10 = new double[nCounty, nYear, 2];//电缆分
支箱
double[,] LLKG10 = new double[nCounty, nYear];//联络开关
double[,] FDKG10 = new double[nCounty, nYear];//分段开关
double[,] LLHWG10 = new double[nCounty, nYear];//联络环网柜
```

```
double[,] FDHWG10 = new double[nCounty, nYear];//分段环网柜
double[,,] InvestSub10 = new double[nCounty, nYear, 2];//10 变电投
资
double[,,] InvestLine10 = new double[nCounty, nYear, 2];//10 线路投
资
double[,,] InvestKG10 = new double[nCounty, nYear, 2];//开关投资
double[,,] Invest380 = new double[nCounty, nYear, 2];//380 投资
double[,,] InvestTotal10380 = new double[nCounty, nYear, 2];//
10 及 380 总投资
#endregion

#region 统计 110kV 新建量
i = 5;
while (true)
{
    rngBlank = (Excel. Range)N110sht. Cells[i, 1];
    sBlank = rngBlank. Text. ToString();
    if (sBlank. Length == 0)
    {
        break;
    }
    else
    {
        rngType = (Excel. Range)N110sht. Cells[i, N110. 建设类
型];
        rngYear = (Excel. Range)N110sht. Cells[i, N110. 投产年];
        rngCounty = (Excel. Range)N110sht. Cells[i, N110. 县域];

        Year = int. Parse(rngYear. Text) - 2016;
        Type = Type110(rngType. Text);
```

```
                    int iCounty = StrInArr(rngCounty. Text, CountyName,
CityName);


                    if (RngToDouble((Excel. Range)N110sht. Cells[i, N110. 主变台
数]) ! = 0)
                    {
                        Substation110[iCounty, Year, Type] += 1;
                    }
                    Transformer110[iCounty, Year, Type] += RngToDouble
((Excel. Range)N110sht. Cells[i, N110. 主变台数]);//统计变电站/变压器
                    Caption110[iCounty, Year, Type] += RngToDouble((Ex-
cel. Range)N110sht. Cells[i, N110. 主变容量]);//统计容量
                    LineNum110[iCounty, Year, Type] += RngToDouble((Ex-
cel. Range)N110sht. Cells[i, N110. 线路条数]);//统计线路条数
                    LengthJK110[iCounty, Year, Type] += RngToDouble((Ex-
cel. Range)N110sht. Cells[i, N110. 架空长度]);//统计架空线路长度
                    LengthDL110[iCounty, Year, Type] += RngToDouble((Ex-
cel. Range)N110sht. Cells[i, N110. 电缆长度]);//统计电缆线路长度
                    InvestSub110[iCounty, Year, Type] += RngToDouble((Ex-
cel. Range)N110sht. Cells[i, N110. 变电投资]);//统计变电投资
                    InvestLine110[iCounty, Year, Type] += RngToDouble((Ex-
cel. Range)N110sht. Cells[i, N110. 线路投资]);//统计线路投资
                    InvestTotal110[iCounty, Year, Type] += RngToDouble((Ex-
cel. Range)N110sht. Cells[i, N110. 总投资]);//统计总投资
                }
                i++;
            }
            #endregion


            #region 统计 110kV 变电改造量
            i = 5;
```

```
while (true)
{
    rngBlank = (Excel. Range)SR110sht. Cells[i, 1];
    sBlank = rngBlank. Text. ToString();
    if (sBlank. Length == 0)
    {
        break;
    }
    else
    {
        rngYear = (Excel. Range)SR110sht. Cells[i, SR110. 投产年];
        rngCounty = (Excel. Range)SR110sht. Cells[i, SR110. 县域];

        Year = int. Parse(rngYear. Text) - 2016;
        int iCounty = StrInArr(rngCounty. Text, CountyName,
CityName);


        Substation110[iCounty, Year, 2] += 1;
        Transformer110[iCounty, Year, 2] += RngToDouble((Excel.
Range)SR110sht. Cells[i, SR110. 主变台数]);//统计变电站/变压器
        Caption110[iCounty, Year, 2] += RngToDouble((Excel.
Range)SR110sht. Cells[i, SR110. 改造后容量]);//统计容量
        CaptionJZ110[iCounty, Year, 2] += RngToDouble((Ex-
cel. Range) SR110sht. Cells[i, SR110. 改造后容量]) - RngToDouble((Excel.
Range)SR110sht. Cells[i, SR110. 改造前容量]);
        InvestSub110[iCounty, Year, 2] += RngToDouble((Excel.
Range)SR110sht. Cells[i, SR110. 总投资]);//统计变电投资
        InvestTotal110[iCounty, Year, 2] += RngToDouble((Ex-
cel. Range)SR110sht. Cells[i, SR110. 总投资]);//统计总投资
    }
    i++;
```

```
                }
        ♯endregion

        ♯region 统计 110kV 线路改造量
        i = 5;
        while (true)
        {
                rngBlank = (Excel. Range)LR110sht. Cells[i, 1];
                sBlank = rngBlank. Text. ToString();
                if (sBlank. Length == 0)
                {
                        break;
                }
                else
                {
                        rngYear = (Excel. Range)LR110sht. Cells[i, LR110. 投产年];
                        rngCounty = (Excel. Range)LR110sht. Cells[i, LR110. 县域];

                        Year = int. Parse(rngYear. Text) - 2016;
                        int iCounty = StrInArr(rngCounty. Text, CountyName, CityName);

                        LineNum110[iCounty, Year, 2] += 1;//统计线路条数
                        LengthJK110[iCounty, Year, 2] += RngToDouble((Excel. Range)LR110sht. Cells[i, LR110. 架空长度]);//统计架空线路长度
                        LengthDL110[iCounty, Year, 2] += RngToDouble((Excel. Range)LR110sht. Cells[i, LR110. 电缆长度]);//统计电缆线路长度
                        InvestLine110[iCounty, Year, 2] += RngToDouble((Excel. Range)LR110sht. Cells[i, LR110. 总投资]);//统计线路投资
                        InvestTotal110[iCounty, Year, 2] += RngToDouble((Excel. Range)LR110sht. Cells[i, LR110. 总投资]);//统计总投资
```

```
        }
        i++；
    }
#endregion

#region 统计 35kV 新建量
i = 5；
while（true）
{
    rngBlank = （Excel. Range）N35sht. Cells[i，1]；
    sBlank = rngBlank. Text. ToString（）；
    if （sBlank. Length == 0）
    {
        break；
    }
    else
    {
        rngType = （Excel. Range）N35sht. Cells[i，N35. 建设类型]；
        rngYear = （Excel. Range）N35sht. Cells[i，N35. 投产年]；
        rngCounty = （Excel. Range）N35sht. Cells[i，N35. 县域]；

        Year = int. Parse（rngYear. Text）- 2016；
        Type = Type35（rngType. Text）；

        int iCounty = StrInArr（rngCounty. Text，CountyName, CityName）；

        if （RngToDouble（（Excel. Range）N35sht. Cells[i，N35. 主变台数]）！= 0)
        {
```

```
                Substation35[iCounty，Year，Type] += 1；
            }

            Transformer35[iCounty，Year，Type] += RngToDouble((Ex-
cel.Range)N35sht.Cells[i，N35.主变台数]);//统计变电站/变压器

            Caption35[iCounty，Year，Type] += RngToDouble((Ex-
cel.Range)N35sht.Cells[i，N35.主变容量]);//统计容量

            LineNum35[iCounty，Year，Type] += RngToDouble((Excel.
Range)N35sht.Cells[i，N35.线路条数]);//统计线路条数

            LengthJK35[iCounty，Year，Type] += RngToDouble((Excel.
Range)N35sht.Cells[i，N35.架空长度]);//统计架空线路长度

            LengthDL35[iCounty，Year，Type] += RngToDouble((Excel.
Range)N35sht.Cells[i，N35.电缆长度]);//统计电缆线路长度

            InvestSub35[iCounty，Year，Type] += RngToDouble((Excel.
Range)N35sht.Cells[i，N35.变电投资]);//统计变电投资

            InvestLine35[iCounty，Year，Type] += RngToDouble((Excel.
Range)N35sht.Cells[i，N35.线路投资]);//统计线路投资

            InvestTotal35[iCounty，Year，Type] += RngToDouble((Ex-
cel.Range)N35sht.Cells[i，N35.总投资]);//统计总投资
        }
        i++;
    }
    #endregion

    #region 统计 35kV 变电改造量
    i = 5；
    while(true)
    {
        rngBlank = (Excel.Range)SR35sht.Cells[i，1];
        sBlank = rngBlank.Text.ToString()；
        if(sBlank.Length == 0)
        {
```

```
                break;
            }
        else
            {

                rngYear = (Excel.Range)SR35sht.Cells[i, SR35.投产年];
                rngCounty = (Excel.Range)SR35sht.Cells[i, SR35.县域];

                Year = int.Parse(rngYear.Text) - 2016;
                int iCounty = StrInArr(rngCounty.Text, CountyName, CityName);


                Substation35[iCounty, Year, 2] += 1;
                Transformer35[iCounty, Year, 2] += RngToDouble((Excel.Range)SR35sht.Cells[i, SR35.主变台数]);//统计变电站/变压器
                Caption35[iCounty, Year, 2] += RngToDouble((Excel.Range)SR35sht.Cells[i, SR35.改造后容量]);//统计容量
                CaptionJZ35[iCounty, Year, 2] += RngToDouble((Excel.Range)SR35sht.Cells[i, SR35.改造后容量]) - RngToDouble((Excel.Range)SR35sht.Cells[i, SR35.改造前容量]);
                InvestSub35[iCounty, Year, 2] += RngToDouble((Excel.Range)SR35sht.Cells[i, SR35.总投资]);//统计变电投资
                InvestTotal35[iCounty, Year, 2] += RngToDouble((Excel.Range)SR35sht.Cells[i, SR35.总投资]);//统计总投资
            }
        i++;
    }
    #endregion

    #region 统计 35kV 线路改造量
    i = 5;
    while (true)
```

```
        {
            rngBlank = (Excel. Range)LR35sht. Cells[i, 1];
            sBlank = rngBlank. Text. ToString();
            if (sBlank. Length == 0)
            {
                break;
            }
            else
            {
                rngYear = (Excel. Range)LR35sht. Cells[i, LR35. 投产年];
                rngCounty = (Excel. Range)LR35sht. Cells[i, LR35. 县域];

                Year = int. Parse(rngYear. Text) - 2016;
                int iCounty = StrInArr(rngCounty. Text, CountyName, CityName);


                LineNum35[iCounty, Year, 2] += 1;//统计线路条数
                LengthJK35[iCounty, Year, 2] += RngToDouble((Excel. Range)LR35sht. Cells[i, LR35. 架空长度]);//统计架空线路长度
                LengthDL35[iCounty, Year, 2] += RngToDouble((Excel. Range)LR35sht. Cells[i, LR35. 电缆长度]);//统计电缆线路长度
                InvestLine35[iCounty, Year, 2] += RngToDouble((Excel. Range)LR35sht. Cells[i, LR35. 总投资]);//统计线路投资
                InvestTotal35[iCounty, Year, 2] += RngToDouble((Excel. Range)LR35sht. Cells[i, LR35. 总投资]);//统计总投资


            }
            i++;
        }
        #endregion
```

```
#region 统计 10kV 新建规模
i = 5;
while (true)
{
    rngBlank = (Excel. Range)N10sht. Cells[i, 1];
    sBlank = rngBlank. Text. ToString();
    if (sBlank. Length == 0)
    {
        break;
    }
    else
    {
        rngYear = (Excel. Range)N10sht. Cells[i, N10. 投产年];
        rngCounty = (Excel. Range)N10sht. Cells[i, N10. 县域];

        Year = int. Parse(rngYear. Text) - 2016;
        int iCounty = StrInArr(rngCounty. Text, CountyName, CityName);

        Transformer10[iCounty, Year, 0] += RngToDouble((Excel. Range)N10sht. Cells[i, N10. 配电室台数]);
        Transformer10[iCounty, Year, 0] += RngToDouble((Excel. Range)N10sht. Cells[i, N10. 箱变台数]);
        Transformer10[iCounty, Year, 0] += RngToDouble((Excel. Range)N10sht. Cells[i, N10. 柱上变台数]);
        Caption10[iCounty, Year, 0] += RngToDouble((Excel. Range)N10sht. Cells[i, N10. 配电室容量]);
        Caption10[iCounty, Year, 0] += RngToDouble((Excel. Range)N10sht. Cells[i, N10. 箱变容量]);
        Caption10[iCounty, Year, 0] += RngToDouble((Excel. Range)N10sht. Cells[i, N10. 柱上变容量]);
```

```
        if (RngToDouble((Excel. Range)N10sht. Cells[i, N10. 中压
架空]) + RngToDouble((Excel. Range)N10sht. Cells[i, N10. 中压电缆]) ! = 0)
        {
                LineNum10[iCounty, Year, 0] += 1;
        }
        LengthJK10[iCounty, Year, 0] += RngToDouble((Excel.
Range)N10sht. Cells[i, N10. 中压架空]);
                LengthDL10[iCounty, Year, 0] += RngToDouble((Ex-
cel. Range)N10sht. Cells[i, N10. 中压电缆]);
                KGZ10[iCounty, Year, 0] += RngToDouble((Excel. Range)
N10sht. Cells[i, N10. 开闭所]);
                HWG10[iCounty, Year, 0] += RngToDouble((Excel. Range)
N10sht. Cells[i, N10. 环网柜]);
                ZSKG10[iCounty, Year, 0] += RngToDouble((Excel. Range)
N10sht. Cells[i, N10. 柱上开关]);
                DLFZX10[iCounty, Year, 0] += RngToDouble((Excel.
Range)N10sht. Cells[i, N10. 电缆分支箱]);
                FDKG10[0, Year] += RngToDouble((Excel. Range)N10sht.
Cells[i, N10. 分段开关]);
                LLKG10[0, Year] += RngToDouble((Excel. Range)N10sht.
Cells[i, N10. 联络开关]);
                FDHWG10[0, Year] += RngToDouble((Excel. Range)
N10sht. Cells[i, N10. 分段环网柜]);
                LLHWG10[0, Year] += RngToDouble((Excel. Range)
N10sht. Cells[i, N10. 联络环网柜]);
                LineNum380[iCounty, Year, 0] += RngToDouble((Ex-
cel. Range)N10sht. Cells[i, N10. 低压架空条数]);
                LineNum380[iCounty, Year, 0] += RngToDouble((Ex-
cel. Range)N10sht. Cells[i, N10. 低压电缆条数]);
                LengthJK380[iCounty, Year, 0] += RngToDouble((Ex-
cel. Range)N10sht. Cells[i, N10. 低压架空长度]);
```

```
            LengthDL380[iCounty, Year, 0] += RngToDouble((Ex-
cel.Range)N10sht.Cells[i, N10.低压电缆长度]);
            Meter380[iCounty, Year, 0] += RngToDouble((Excel.
Range)N10sht.Cells[i, N10.户表]);
            InvestSub10[iCounty, Year, 0] += RngToDouble((Excel.
Range)N10sht.Cells[i, N10.配变投资]);
            InvestLine10[iCounty, Year, 0] += RngToDouble((Ex-
cel.Range)N10sht.Cells[i, N10.中压线路投资]);
            InvestKG10[iCounty, Year, 0] += RngToDouble((Excel.
Range)N10sht.Cells[i, N10.开关投资]);
            Invest380[iCounty, Year, 0] += RngToDouble((Excel.
Range)N10sht.Cells[i, N10.低压架空投资]);
            Invest380[iCounty, Year, 0] += RngToDouble((Excel.
Range)N10sht.Cells[i, N10.低压电缆投资]);
            Invest380[iCounty, Year, 0] += RngToDouble((Excel.
Range)N10sht.Cells[i, N10.户表投资]);
            InvestTotal10380[iCounty, Year, 0] += RngToDouble((Ex-
cel.Range)N10sht.Cells[i, N10.总投资]);


        }
        i++;
    }


    #endregion

    #region 统计 10kV 改造规模
    i = 5;
    while (true)
    {
        rngBlank = (Excel.Range)R10sht.Cells[i, 1];
        sBlank = rngBlank.Text.ToString();
```

```
if (sBlank. Length == 0)
{
    break;
}
else
{
    rngYear = (Excel. Range)R10sht. Cells[i, R10. 投产年];
    rngCounty = (Excel. Range)R10sht. Cells[i, R10. 县域];

    Year = int. Parse(rngYear. Text) - 2016;
    int iCounty = StrInArr(rngCounty. Text, CountyName, CityName);


    Transformer10[iCounty, Year, 1] += RngToDouble((Excel. Range)R10sht. Cells[i, R10. 配变台数]);
    Caption10[iCounty, Year, 1] += RngToDouble((Excel. Range)R10sht. Cells[i, R10. 改造后容量]);
    CaptionJZ10[iCounty, Year, 1] += RngToDouble((Excel. Range)R10sht. Cells[i, R10. 改造后容量]) - RngToDouble((Excel. Range)R10sht. Cells[i, R10. 改造前容量]);
    if (RngToDouble((Excel. Range)R10sht. Cells[i, R10. 中压架空]) + RngToDouble((Excel. Range)R10sht. Cells[i, R10. 中压电缆]) != 0)
    {
        LineNum10[iCounty, Year, 1] += 1;
    }
    LengthJK10[iCounty, Year, 1] += RngToDouble((Excel. Range)R10sht. Cells[i, R10. 中压架空]);
    LengthJYX10[iCounty, Year, 1] += RngToDouble((Excel. Range)R10sht. Cells[i, R10. 中压架空绝缘]);
    LengthDL10[iCounty, Year, 1] += RngToDouble((Excel. Range)R10sht. Cells[i, R10. 中压电缆]);
```

HWG10［iCounty，Year，1］＋＝ RngToDouble（（Excel. Range）R10sht. Cells［i，R10. 环网柜］）；

ZSKG10［iCounty，Year，1］＋＝ RngToDouble（（Excel. Range）R10sht. Cells［i，R10. 断路器］）；

ZSKG10［iCounty，Year，1］＋＝ RngToDouble（（Excel. Range）R10sht. Cells［i，R10. 负荷开关］）；

DLFZX10［iCounty，Year，1］＋＝ RngToDouble（（Excel. Range）R10sht. Cells［i，R10. 电缆分支箱］）；

LineNum380［iCounty，Year，1］＋＝ RngToDouble（（Excel. Range）R10sht. Cells［i，R10. 低压架空条数］）；

LineNum380［iCounty，Year，1］＋＝ RngToDouble（（Excel. Range）R10sht. Cells［i，R10. 低压电缆条数］）；

LengthJK380［iCounty，Year，1］＋＝ RngToDouble（（Excel. Range）R10sht. Cells［i，R10. 低压架空长度］）；

LengthDL380［iCounty，Year，1］＋＝ RngToDouble（（Excel. Range）R10sht. Cells［i，R10. 低压电缆长度］）；

Meter380［iCounty，Year，1］＋＝ RngToDouble（（Excel. Range）R10sht. Cells［i，R10. 户表］）；

InvestSub10［iCounty，Year，1］＋＝ RngToDouble（（Excel. Range）R10sht. Cells［i，R10. 配变投资］）；

InvestSub10［iCounty，Year，1］＋＝ RngToDouble（（Excel. Range）R10sht. Cells［i，R10. 无功投资］）；

InvestLine10［iCounty，Year，1］＋＝ RngToDouble（（Excel. Range）R10sht. Cells［i，R10. 中压架空投资］）；

InvestLine10［iCounty，Year，1］＋＝ RngToDouble（（Excel. Range）R10sht. Cells［i，R10. 中压电缆投资］）；

InvestKG10［iCounty，Year，1］＋＝ RngToDouble（（Excel. Range）R10sht. Cells［i，R10. 开关投资］）；

Invest380［iCounty，Year，1］＋＝ RngToDouble（（Excel. Range）R10sht. Cells［i，R10. 低压架空投资］）；

Invest380［iCounty，Year，1］＋＝ RngToDouble（（Excel.

```
Range)R10sht. Cells[i, R10. 低压电缆投资]);
                Invest380[iCounty, Year, 1] += RngToDouble((Excel.
Range)R10sht. Cells[i, R10. 户表投资]);
                InvestTotal10380[iCounty, Year, 1] += Rng-ToDouble
((Excel. Range)R10sht. Cells[i, R10. 总投资]);


        }
        i++;
}


#endregion


#region 关闭项目清册
//wbsProjectList. Close();
#endregion


#region 写入 110kV 电网表头
Excel. Workbook wba = xapp. Workbooks. Add();
Excel. Worksheet shta110 = wba. Worksheets. Add();
shta110. Name = "110kV 电网";
shta110. Range["A1:A2"]. Merge();
shta110. Cells[1, 1] = "年份";
shta110. Cells[3, 1] = "2016";
shta110. Cells[4, 1] = "2017";
shta110. Cells[5, 1] = "2018";
shta110. Cells[6, 1] = "2019";
shta110. Cells[7, 1] = "2020";
shta110. Cells[8, 1] = "合计";
for (int temp = 0; temp < nCounty - 1; temp++)
{
        shta110. Cells[9 + temp, 1] = CountyName[temp];
```

```
        }
    shta110. Cells[9 + nCounty - 1, 1] = "其他";
    shta110. Range["B1:H1"]. Merge();
    shta110. Cells[1, 2] = "新建工程";
    shta110. Range["I1:O1"]. Merge();
    shta110. Cells[1, 9] = "扩建工程";
    shta110. Range["P1:T1"]. Merge();
    shta110. Cells[1, 16] = "变电改造工程";
    shta110. Range["U1:X1"]. Merge();
    shta110. Cells[1, 21] = "线路改造工程";
    shta110. Cells[2, 2] = "新建变电站";
    shta110. Cells[2, 3] = "新增变压器";
    shta110. Cells[2, 4] = "新增容量";
    shta110. Cells[2, 5] = "新建线路条数";
    shta110. Cells[2, 6] = "新建架空";
    shta110. Cells[2, 7] = "新建电缆";
    shta110. Cells[2, 8] = "总投资";
    shta110. Cells[2, 9] = "扩建变电站";
    shta110. Cells[2, 10] = "新增变压器";
    shta110. Cells[2, 11] = "新增容量";
    shta110. Cells[2, 12] = "新增线路条数";
    shta110. Cells[2, 13] = "新建架空";
    shta110. Cells[2, 14] = "新建电缆";
    shta110. Cells[2, 15] = "总投资";
    shta110. Cells[2, 16] = "改造变电站";
    shta110. Cells[2, 17] = "改造变压器";
    shta110. Cells[2, 18] = "改造后容量";
    shta110. Cells[2, 19] = "净增容量";
    shta110. Cells[2, 20] = "总投资";
    shta110. Cells[2, 21] = "改造线路条数";
    shta110. Cells[2, 22] = "改造架空";
```

```
shta110.Cells[2, 23] = "改造电缆";
shta110.Cells[2, 24] = "总投资";
#endregion


#region 分年份写入110kV电网规划规模
for (int temp = 0; temp < 5; temp++)
{
    shta110.Cells[temp + 3, 2] = sumYear(Substation110, temp, 0);

    shta110.Cells[temp + 3, 3] = sumYear(Transformer110, temp, 0);
    shta110.Cells[temp + 3, 4] = sumYear(Caption110, temp, 0);
    shta110.Cells[temp + 3, 5] = sumYear(LineNum110, temp, 0);
    shta110.Cells[temp + 3, 6] = sumYear(LengthJK110, temp, 0);

    shta110.Cells[temp + 3, 7] = sumYear(LengthDL110, temp, 0);

    shta110.Cells[temp + 3, 8] = sumYear(InvestTotal110, temp, 0);


    shta110.Cells[temp + 3, 9] = sumYear(Substation110, temp, 1);

    shta110.Cells[temp + 3, 10] = sumYear(Transformer110, temp, 1);

    shta110.Cells[temp + 3, 11] = sumYear(Caption110, temp, 1);
    shta110.Cells[temp + 3, 12] = sumYear(LineNum110, temp, 1);

    shta110.Cells[temp + 3, 13] = sumYear(LengthJK110, temp, 1);

    shta110.Cells[temp + 3, 14] = sumYear(LengthDL110, temp, 1);

    shta110.Cells[temp + 3, 15] = sumYear(InvestTotal110, temp, 1);
```

```
            shta110.Cells[temp + 3, 16] = sumYear(Substation110, temp,
2);
            shta110.Cells[temp + 3, 17] = sumYear(Transformer110, temp,
2);
            shta110.Cells[temp + 3, 18] = sumYear(Caption110, temp,
2);
            shta110.Cells[temp + 3, 19] = sumYear(CaptionJZ110, temp,
2);
            shta110.Cells[temp + 3, 20] = sumYear(InvestSub110, temp,
2);
            shta110.Cells[temp + 3, 21] = sumYear(LineNum110, temp,
2);
            shta110.Cells[temp + 3, 22] = sumYear(LengthJK110, temp,
2);
            shta110.Cells[temp + 3, 23] = sumYear(LengthDL110, temp,
2);
            shta110.Cells[temp + 3, 24] = sumYear(InvestLine110, temp,
2);
        }
        for (int temp = 2; temp < 25; temp++)
        {
            char c;
            c = Convert.ToChar(temp + 96);
            shta110.Cells[8, temp].Formula = "=sum(" + c + "3:" + c
+ "7)";
            shta110.Cells[8, temp].Interior.ColorIndex = 50;
        }
        #endregion

        #region 分县域写入 110kV 电网规模
```

```
for (int temp = 0; temp < nCounty; temp++)
{
        shta110. Cells[temp + 9, 2] = sumCounty(Substation110, temp, 0);

        shta110. Cells[temp + 9, 3] = sumCounty(Transformer110, temp, 0);

        shta110. Cells[temp + 9, 4] = sumCounty(Caption110, temp, 0);

        shta110. Cells[temp + 9, 5] = sumCounty(LineNum110, temp, 0);

        shta110. Cells[temp + 9, 6] = sumCounty(LengthJK110, temp, 0);

        shta110. Cells[temp + 9, 7] = sumCounty(LengthDL110, temp, 0);

        shta110. Cells[temp + 9, 8] = sumCounty(InvestTotal110, temp, 0);


        shta110. Cells[temp + 9, 9] = sumCounty(Substation110, temp, 1);

        shta110. Cells[temp + 9, 10] = sumCounty(Transformer110, temp, 1);

        shta110. Cells[temp + 9, 11] = sumCounty(Caption110, temp, 1);

        shta110. Cells[temp + 9, 12] = sumCounty(LineNum110, temp, 1);

        shta110. Cells[temp + 9, 13] = sumCounty(LengthJK110, temp, 1);

        shta110. Cells[temp + 9, 14] = sumCounty(LengthDL110, temp, 1);

        shta110. Cells[temp + 9, 15] = sumCounty(InvestTotal110, temp, 1);
```

```
        shta110.Cells[temp + 9, 16] = sumCounty(Substation110, temp,
2);
        shta110.Cells[temp + 9, 17] = sumCounty(Transformer110,
temp, 2);
        shta110.Cells[temp + 9, 18] = sumCounty(Caption110, temp,
2);
        shta110.Cells[temp + 9, 19] = sumCounty(CaptionJZ110, temp,
2);
        shta110.Cells[temp + 9, 20] = sumCounty(InvestSub110, temp,
2);
        shta110.Cells[temp + 9, 21] = sumCounty(LineNum110, temp,
2);
        shta110.Cells[temp + 9, 22] = sumCounty(LengthJK110, temp,
2);
        shta110.Cells[temp + 9, 23] = sumCounty(LengthDL110, temp,
2);
        shta110.Cells[temp + 9, 24] = sumCounty(InvestLine110, temp,
2);
    }
    #endregion

    #region 110kV 电网格式调整
    Excel.Range rngs;
    rngs = shta110.UsedRange;
    rngs.RowHeight = 20;
    rngs.ColumnWidth = 10;
    rngs.Font.Size = 9;
    rngs.Font.Name = "Times New Roman";
    rngs.Borders.LineStyle = Excel.XlLineStyle.xlContinuous;
    rngs.Borders.Weight = Excel.XlBorderWeight.xlThin;
```

```
rngs. HorizontalAlignment = Excel. XlHAlign. xlHAlignCenter;
rngs. VerticalAlignment = Excel. XlVAlign. xlVAlignCenter;
♯endregion
```

♯region 写入 35kV 电网表头

```
Excel. Worksheet shta35 = wba. Worksheets. Add(System. Type. Missing,
shta110);
shta35. Name = "35kV 电网";
shta35. Range["A1:A2"]. Merge();
shta35. Cells[1, 1] = "年份";
shta35. Cells[3, 1] = "2016";
shta35. Cells[4, 1] = "2017";
shta35. Cells[5, 1] = "2018";
shta35. Cells[6, 1] = "2019";
shta35. Cells[7, 1] = "2020";
shta35. Cells[8, 1] = "合计";
for (int temp = 0; temp < nCounty - 1; temp++)
{
    shta35. Cells[9 + temp, 1] = CountyName[temp];
}
shta35. Cells[9 + nCounty - 1, 1] = "其他";
shta35. Range["B1:H1"]. Merge();
shta35. Cells[1, 2] = "新建工程";
shta35. Range["I1:O1"]. Merge();
shta35. Cells[1, 9] = "扩建工程";
shta35. Range["P1:T1"]. Merge();
shta35. Cells[1, 16] = "变电改造工程";
shta35. Range["U1:X1"]. Merge();
shta35. Cells[1, 21] = "线路改造工程";
shta35. Cells[2, 2] = "新建变电站";
shta35. Cells[2, 3] = "新增变压器";
```

```
shta35.Cells[2, 4] = "新增容量";
shta35.Cells[2, 5] = "新建线路条数";
shta35.Cells[2, 6] = "新建架空";
shta35.Cells[2, 7] = "新建电缆";
shta35.Cells[2, 8] = "总投资";
shta35.Cells[2, 9] = "扩建变电站";
shta35.Cells[2, 10] = "新增变压器";
shta35.Cells[2, 11] = "新增容量";
shta35.Cells[2, 12] = "新增线路条数";
shta35.Cells[2, 13] = "新建架空";
shta35.Cells[2, 14] = "新建电缆";
shta35.Cells[2, 15] = "总投资";
shta35.Cells[2, 16] = "改造变电站";
shta35.Cells[2, 17] = "改造变压器";
shta35.Cells[2, 18] = "改造后容量";
shta35.Cells[2, 19] = "净增容量";
shta35.Cells[2, 20] = "总投资";
shta35.Cells[2, 21] = "改造线路条数";
shta35.Cells[2, 22] = "改造架空";
shta35.Cells[2, 23] = "改造电缆";
shta35.Cells[2, 24] = "总投资";
#endregion

#region 分年份写入 35kV 电网规划规模
for (int temp = 0; temp < 5; temp++)
{
    shta35.Cells[temp + 3, 2] = sumYear(Substation35, temp, 0);
    shta35.Cells[temp + 3, 3] = sumYear(Transformer35, temp,
0);
    shta35.Cells[temp + 3, 4] = sumYear(Caption35, temp, 0);
    shta35.Cells[temp + 3, 5] = sumYear(LineNum35, temp, 0);
```

```
shta35. Cells[temp + 3, 6] = sumYear(LengthJK35, temp, 0);
shta35. Cells[temp + 3, 7] = sumYear(LengthDL35, temp, 0);
shta35. Cells[temp + 3, 8] = sumYear(InvestTotal35, temp, 0);

shta35. Cells[temp + 3, 9] = sumYear(Substation35, temp, 1);
shta35. Cells[temp + 3, 10] = sumYear(Transformer35, temp,
1);
shta35. Cells[temp + 3, 11] = sumYear(Caption35, temp, 1);
shta35. Cells[temp + 3, 12] = sumYear(LineNum35, temp, 1);
shta35. Cells[temp + 3, 13] = sumYear(LengthJK35, temp, 1);
shta35. Cells[temp + 3, 14] = sumYear(LengthDL35, temp, 1);
shta35. Cells[temp + 3, 15] = sumYear(InvestTotal35, temp,
1);


shta35. Cells[temp + 3, 16] = sumYear(Substation35, temp,
2);
shta35. Cells[temp + 3, 17] = sumYear(Transformer35, temp,
2);
shta35. Cells[temp + 3, 18] = sumYear(Caption35, temp, 2);
shta35. Cells[temp + 3, 19] = sumYear(CaptionJZ35, temp, 2);
shta35. Cells[temp + 3, 20] = sumYear(InvestSub35, temp, 2);
shta35. Cells[temp + 3, 21] - sumYear(LineNum35, temp, 2);
shta35. Cells[temp + 3, 22] = sumYear(LengthJK35, temp, 2);
shta35. Cells[temp + 3, 23] = sumYear(LengthDL35, temp,
2);
shta35. Cells[temp + 3, 24] = sumYear(InvestLine35, temp,
2);
    }
for (int temp = 2; temp < 25; temp++)
    {
    char c;
```

```
            c = Convert.ToChar(temp + 96);
            shta35.Cells[8, temp].Formula = "=sum(" + c + "3:" + c
+ "7)";
            shta35.Cells[8, temp].Interior.ColorIndex = 50;
        }
        #endregion

        #region 分县域写入 35kV 电网规模
        for (int temp = 0; temp < nCounty; temp++)
        {
            shta35.Cells[temp + 9, 2] = sumCounty(Substation35, temp,
0);

            shta35.Cells[temp + 9, 3] = sumCounty(Transformer35, temp, 0);
            shta35.Cells[temp + 9, 4] = sumCounty(Caption35, temp, 0);
            shta35.Cells[temp + 9, 5] = sumCounty(LineNum35, temp,
0);

            shta35.Cells[temp + 9, 6] = sumCounty(LengthJK35, temp,
0);

            shta35.Cells[temp + 9, 7] = sumCounty(LengthDL35, temp,
0);

            shta35.Cells[temp + 9, 8] = sumCounty(InvestTotal35, temp,
0);

            shta35.Cells[temp + 9, 9] = sumCounty(Substation35, temp,
1);

            shta35.Cells[temp + 9, 10] = sumCounty(Transformer35, temp,
1);

            shta35.Cells[temp + 9, 11] = sumCounty(Caption35, temp, 1);
            shta35.Cells[temp + 9, 12] = sumCounty(LineNum35, temp,
1);

            shta35.Cells[temp + 9, 13] = sumCounty(LengthJK35, temp,
```

1）；

　　　　shta35. Cells[temp + 9, 14] = sumCounty(LengthDL35, temp,

1）；

　　　　shta35. Cells[temp + 9, 15] = sumCounty(InvestTotal35, temp, 1)；

　　　　shta35. Cells[temp + 9, 16] = sumCounty(Substation35, temp, 2)；

　　　　shta35. Cells[temp + 9, 17] = sumCounty(Transformer35, temp, 2)；

　　　　shta35. Cells[temp + 9, 18] = sumCounty(Caption35, temp, 2)；

　　　　shta35. Cells[temp + 9, 19] = sumCounty(CaptionJZ35, temp,

2）；

　　　　shta35. Cells[temp + 9, 20] = sumCounty(InvestSub35, temp,

2）；

　　　　shta35. Cells[temp + 9, 21] = sumCounty(LineNum35, tcmp,

2）；

　　　　shta35. Cells[temp + 9, 22] = sumCounty(LengthJK35, temp,

2）；

　　　　shta35. Cells[temp + 9, 23] = sumCounty(LengthDL35, temp,

2）；

　　　　shta35. Cells[temp + 9, 24] = sumCounty(InvestLine35, temp, 2)；

　　}

　　♯endregion

　　♯region 35kV 电网调整格式

　　rngs = shta35. UsedRange；

　　rngs. RowHeight = 20；

　　rngs. ColumnWidth = 10；

　　rngs. Font. Size = 9；

　　rngs. Font. Name = "Times New Roman"；

　　rngs. Borders. LineStyle = Excel. XlLineStyle. xlContinuous；

　　rngs. Borders. Weight = Excel. XlBorderWeight. xlThin；

　　rngs. HorizontalAlignment = Excel. XlHAlign. xlHAlignCenter；

```
rngs. VerticalAlignment = Excel. XlVAlign. xlVAlignCenter;
#endregion


#region 写入 10kV 电网表头
    Excel. Worksheet shta10 = wba. Worksheets. Add(System. Type.
Missing, shta35);
        shta10. Name = "10kV 电网";
        shta10. Range["A1:A2"]. Merge();
        shta10. Cells[1, 1] = "年份";
        shta10. Cells[3, 1] = "2016";
        shta10. Cells[4, 1] = "2017";
        shta10. Cells[5, 1] = "2018";
        shta10. Cells[6, 1] = "2019";
        shta10. Cells[7, 1] = "2020";
        shta10. Cells[8, 1] = "合计";
        for (int temp = 0; temp < nCounty - 1; temp++)
        {
            shta10. Cells[9 + temp, 1] = CountyName[temp];
        }
        shta10. Cells[9 + nCounty - 1, 1] = "其他";
        shta10. Range["B1:I1"]. Merge();
        shta10. Cells[1, 2] = "新建工程";
        shta10. Range["J1:R1"]. Merge();
        shta10. Cells[1, 10] = "改造工程";
        shta10. Cells[2, 2] = "新增变压器";
        shta10. Cells[2, 3] = "新增容量";
        shta10. Cells[2, 4] = "新建架空";
        shta10. Cells[2, 5] = "新建电缆";
        shta10. Cells[2, 6] = "新建低压架空";
        shta10. Cells[2, 7] = "新建低压电缆";
        shta10. Cells[2, 8] = "总投资";
```

```
shta10. Cells[2，9] = "其中 0.4 投资";
shta10. Cells[2，10] = "改造变压器";
shta10. Cells[2，11] = "改造后容量";
shta10. Cells[2，12] = "净增容量";
shta10. Cells[2，13] = "改造架空";
shta10. Cells[2，14] = "改造电缆";
shta10. Cells[2，15] = "改造低压架空";
shta10. Cells[2，16] = "改造低压电缆";
shta10. Cells[2，17] = "总投资";
shta10. Cells[2，18] = "其中 0.4 投资";
＃endregion


＃region 分年份写入 10kV 电网规划规模
for (int temp = 0; temp < 5; temp++)
{
    shta10. Cells[temp + 3，2] = sumYear(Transformer10，temp，
0);

    shta10. Cells[temp + 3，3] = sumYear(Caption10，temp，0) / 1000;
    shta10. Cells[temp + 3，4] = sumYear(LengthJK10，temp，0);
    shta10. Cells[temp + 3，5] = sumYear(LengthDL10，temp，0);
    shta10. Cells[temp + 3，6] = sumYear(LengthJK380，temp，0);
    shta10. Cells[temp + 3，7] = sumYear(LengthDL380，temp，0);
    shta10. Cells[temp + 3，8] = sumYear(InvestTotal10380，temp，0);
    shta10. Cells[temp + 3，9] = sumYear(Invest380，temp，0);

    shta10. Cells[temp + 3，10] = sumYear(Transformer10，temp，
1);

    shta10. Cells[temp + 3，11] = sumYear(Caption10，temp，1) / 1000;
    shta10. Cells[temp + 3，12] = sumYear(CaptionJZ10，temp，1)
/ 1000;

    shta10. Cells[temp + 3，13] = sumYear(LengthJK10，temp，
```

```
1);
                shta10.Cells[temp + 3, 14] = sumYear(LengthDL10, temp,
1);
                shta10.Cells[temp + 3, 15] = sumYear(LengthJK380, temp,
1);
                shta10.Cells[temp + 3, 16] = sumYear(LengthDL380, temp,
1);
                shta10.Cells[temp + 3, 17] = sumYear(InvestTotal10380, temp,
1);
                shta10.Cells[temp + 3, 18] = sumYear(Invest380, temp, 1);
        }
        for (int temp = 2; temp < 19; temp++)
        {
            char c;
            c = Convert.ToChar(temp + 96);
            shta10.Cells[8, temp].Formula = "=sum(" + c + "3:" + c
+ "7)";
            shta10.Cells[8, temp].Interior.ColorIndex = 50;
        }
        #endregion

        #region 分县域写入 10kV 电网规模
        for (int temp = 0; temp < nCounty; temp++)
        {
            shta10.Cells[temp + 9, 2] = sumCounty(Transformer10, temp,
0);
            shta10.Cells[temp + 9, 3] = sumCounty(Caption10, temp, 0)
/ 1000;
            shta10.Cells[temp + 9, 4] = sumCounty(LengthJK10, temp,
0);
            shta10.Cells[temp + 9, 5] = sumCounty(LengthDL10, temp,
```

```
0);

            shta10. Cells[temp + 9, 6] = sumCounty(LengthJK380, temp,
0);

            shta10. Cells[temp + 9, 7] = sumCounty(LengthDL380, temp,
0);

            shta10. Cells[temp + 9, 8] = sumCounty(InvestTotal10380, temp,
0);

            shta10. Cells[temp + 9, 9] = sumCounty(Invest380, temp, 0);


            shta10. Cells[temp + 9, 10] = sumCounty(Transformer10, temp,
1);

            shta10. Cells[temp + 9, 11] = sumCounty(Caption10, temp,
1) / 1000;

            shta10. Cells[temp + 9, 12] = sumCounty(CaptionJZ10, temp,
1) / 1000;

            shta10. Cells[temp + 9, 13] = sumCounty(LengthJK10, temp,
1);

            shta10. Cells[temp + 9, 14] = sumCounty(LengthDL10, temp,
1);

            shta10. Cells[temp + 9, 15] = sumCounty(LengthJK380, temp,
1);

            shta10. Cells[temp + 9, 16] = sumCounty(LengthDL380, temp,
1);

            shta10. Cells[temp + 9, 17] = sumCounty(InvestTotal-10380, temp,
1);

            shta10. Cells[temp + 9, 18] = sumCounty(Invest380, temp,
1);
        }
    #endregion


    #region 10kV 电网调整格式
```

```
rngs = shta10. UsedRange;
rngs. RowHeight = 20;
rngs. ColumnWidth = 10;
rngs. Font. Size = 9;
rngs. Font. Name = "Times New Roman";
rngs. Borders. LineStyle = Excel. XlLineStyle. xlContinuous;
rngs. Borders. Weight = Excel. XlBorderWeight. xlThin;
rngs. HorizontalAlignment = Excel. XlHAlign. xlHAlignCenter;
rngs. VerticalAlignment = Excel. XlVAlign. xlVAlignCenter;
#endregion


#region 写入总计表
Excel. Worksheet shtaTotal = wba. Worksheets. Add(System. Type.
Missing，shta10);
        shtaTotal. Name = "总计";
        shtaTotal. Cells[2，2] = "110kV 投资";
        shtaTotal. Cells[2，3] = "35kV 投资";
        shtaTotal. Cells[2，4] = "10kV 投资";
        shtaTotal. Cells[2，5] = "合计";
        for (int temp = 3; temp < 9 + nCounty; temp++)
        {
            shtaTotal. Cells[temp，1] = shta110. Cells[temp，1];
            shtaTotal. Cells[temp，2]. Formula = "=110kV 电网'! H" + temp
+ "+110kV 电网'! O" + temp + "+110kV 电网'! T" + temp + "+110kV 电网'!
X" + temp;

            shtaTotal. Cells[temp，3]. Formula = "=35kV 电网'! H" + temp
+ "+35kV 电网'! O" + temp + "+35kV 电网'! T" + temp + "+35kV 电网'! X"
+ temp;

            shtaTotal. Cells[temp，4]. Formula = "=10kV 电网'! H" + temp
+ "+10kV 电网'! Q" + temp;

            shtaTotal. Cells[temp，5]. Formula = "=B" + temp + "+C"
```

```
            + temp + "+D" + temp;
                if (temp == 8)
                {
                        shtaTotal. Cells[temp, 1]. Interior. ColorIndex = 50;
                        shtaTotal. Cells[temp, 2]. Interior. ColorIndex = 50;
                        shtaTotal. Cells[temp, 3]. Interior. ColorIndex = 50;
                        shtaTotal. Cells[temp, 4]. Interior. ColorIndex = 50;
                        shtaTotal. Cells[temp, 5]. Interior. ColorIndex = 50;
                }
        }
        #endregion


        #region 合计调整格式
        rngs = shtaTotal. UsedRange;
        rngs. RowHeight = 20;
        rngs. ColumnWidth = 10;
        rngs. Font. Size = 9;
        rngs. Font. Name = "Times New Roman";
        rngs. Borders. LineStyle = Excel. XlLineStyle. xlContinuous;
        rngs. Borders. Weight = Excel. XlBorderWeight. xlThin;
        rngs. HorizontalAlignment = Excel. XlHAlign. xlHAlignCenter;
        rngs. VerticalAlignment = Excel. XlVAlign. xlVAlignCenter;
        #endregion


        Excel. Worksheet sht1 = wba. Worksheets["sheet1"];
        sht1. Delete();
    }
```

5.3.3 简单电网规模统计

```
public void 各级电网计算_精简()
    {
```

```
Excel. Workbook wbd = xapp. ActiveWorkbook;


#region 调取自定义的市区、县域名称
XmlDocument xmlDoc = new XmlDocument();
xmlDoc. Load(settingPath);
XmlNode xnRoot = xmlDoc. SelectSingleNode("/root");
    int nCity = 0;
int m = 0;
foreach (XmlNode xn in xnRoot. ChildNodes)
{
  if (xn. Name == "city")
  {
    nCity = nCity + 1;
  }
}
string[] CityName = new string[nCity];
foreach (XmlNode xn in xnRoot. ChildNodes)
{
  if (xn. Name == "city")
  {
    CityName[m] = xn. InnerText;
        CityName[m] = Regex. Replace(CityName[m], @"[\r\n]",
"");  //去除换行符
        m = m + 1;
  }
}
int nCounty = 0;
m = 0;
foreach (XmlNode xn in xnRoot. ChildNodes)
{
```

```
        if (xn. Name == "county")
        {
            nCounty = nCounty + 1;
        }
    }
    string[] CountyName = new string[nCounty];
    foreach (XmlNode xn in xnRoot. ChildNodes)
    {
        if (xn. Name == "county")
        {
            CountyName[m] = xn. InnerText;
            CountyName[m] = Regex. Replace(CountyName[m], @"[\r\n]",
"");//去除换行符
            m = m + 1;
        }
    }
    #endregion

    Excel. Workbook wb1 = xapp. ActiveWorkbook;
    Excel. Workbook wbsProjectList;

    #region 打开项目清册
    if (wb1. Name. IndexOf("清册") > -1)
    {
        wbsProjectList = wb1;
    }
    else
    {
        MessageBox. Show("请打开项目清册");
        string fileNameProjectList;
        fileNameProjectList = "";
```

```
OpenFileDialog fd = new OpenFileDialog();
fd. Filter = "EXCEL 文件| * . xls; * . xlsx; * . xlsm";
if (fd. ShowDialog() == DialogResult. OK)
{
    fileNameProjectList = fd. FileName;
}
else
{
    MessageBox. Show("未打开项目清册,退出计算!");
    return;
}
wbsProjectList = xapp. Workbooks. Open(fileNameProjectList);
}
Excel. Worksheet N110sht = (Excel. Worksheet)wbsProjectList. Work-
sheets. get_Item("110(66)kV 新扩建工程");
    Excel. Worksheet SR110sht = (Excel. Worksheet) wbsProjectList.
Worksheets. get_Item("110(66)kV 变电站改造工程");
    Excel. Worksheet LR110sht = (Excel. Worksheet) wbsProjectList.
Worksheets. get_Item("110(66)kV 线路改造工程");
    Excel. Worksheet N35sht = (Excel. Worksheet) wbsProjectList. Work-
sheets. get_Item("35kV 新扩建工程");
    Excel. Worksheet SR35sht = (Excel. Worksheet)wbsProjectList. Work-
sheets. get_Item("35kV 变电站改造工程");
    Excel. Worksheet LR35sht = (Excel. Worksheet)wbsProjectList. Work-
sheets. get_Item("35kV 线路改造工程");
    Excel. Worksheet N10sht = (Excel. Worksheet)wbsProjectList. Work-
sheets. get_Item("10(20、6)kV 电网新建工程");
    Excel. Worksheet R10sht = (Excel. Worksheet)wbsProjectList. Work-
sheets. get_Item("10(20、6)kV 电网改造工程");
    #endregion
```

```
int i;
Excel. Range rngBlank，rngType，rngYear，rngCounty；
string sBlank；
int Year，Type；


int nYear = 5；


#region 定义各电压等级数据存放数组
nCounty += 1；//留有 1 个空余，以防部分县域定义不标准
//110kV 电网 nCounty 县域数；nYear 年份；3 分别对应新建、扩建、改造
double[,,] Substation110 = new double[nCounty，nYear，3]；//变电站
double[,,] Transformer110 = new double[nCounty，nYear，3]；//变压器
double[,,] Caption110 = new double[nCounty，nYear，3]；//容量
double[,,] CaptionJZ110 = new double[nCounty，nYear，3]；//净增容量
double[,,] LineNum110 = new double[nCounty，nYear，3]；//线路条数
double[,,] LengthJK110 = new double[nCounty，nYear，3]；//架空长度
double[,,] LengthDL110 = new double[nCounty，nYear，3]；//电缆长度
double[,,] InvestTotal110 = new double[nCounty，nYear，3]；//总投资


//35kV 电网 nCounty 县域数；nYear 年份；3 分别对应新建、扩建、改造
double[,,] Substation35 = new double[nCounty，nYear，3]；//变电站
double[,,] Transformer35 = new double[nCounty，nYear，3]；//变压器
double[,,] Caption35 = new double[nCounty，nYear，3]；//容量
double[,,] CaptionJZ35 = new double[nCounty，nYear，3]；//净增容量
double[,,] LineNum35 = new double[nCounty，nYear，3]；//线路条数
double[,,] LengthJK35 = new double[nCounty，nYear，3]；//架空长度
double[,,] LengthDL35 = new double[nCounty，nYear，3]；//电缆长度
double[,,] InvestTotal35 = new double[nCounty，nYear，3]；//总投资


//10kV 电网 nCounty 县域数；nYear 年份；2 分别对应新建、改造
double[,,] Transformer10 = new double[nCounty，nYear，2]；//变压器
```

```
double[,,] Caption10 = new double[nCounty, nYear, 2];//容量
double[,,] CaptionJZ10 = new double[nCounty, nYear, 2];//净增容量
double[,,] LineNum10 = new double[nCounty, nYear, 2];//线路条数
double[,,] LengthJK10 = new double[nCounty, nYear, 2];//架空长度
double[,,] LengthDL10 = new double[nCounty, nYear, 2];//电缆长度
double[,,] LengthJK380 = new double[nCounty, nYear, 2];//低压架空长度
double[,,] LengthJYX380 = new double[nCounty, nYear, 2];//低压架空绝缘线长度
double[,,] LengthDL380 = new double[nCounty, nYear, 2];//低压电缆长度
double[,,] InvestTotal10380 = new double[nCounty, nYear, 2];//10及380总投资
#endregion

#region 统计 110kV 新建量
i = 5;
while (true)
{
  rngBlank = (Excel.Range)N110sht.Cells[i, 1];
  sBlank = rngBlank.Text.ToString();
  if (sBlank.Length == 0)
  {
    break;
  }
  else
  {
    rngType = (Excel.Range)N110sht.Cells[i, N110.建设类型];
    rngYear = (Excel.Range)N110sht.Cells[i, N110.投产年];
    rngCounty = (Excel.Range)N110sht.Cells[i, N110.县域];

    Year = int.Parse(rngYear.Text) - 2016;
```

```
            Type = Type110(rngType. Text);


                int iCounty = StrInArr ( rngCounty. Text, CountyName,
CityName);


            if (RngToDouble((Excel. Range)N110sht. Cells[i, N110. 主变台
数]) ! = 0)
            {
              Substation110[iCounty, Year, Type] += 1;
            }
            Transformer110[iCounty, Year, Type] += RngToDouble((Ex-
cel. Range)N110sht. Cells[i, N110. 主变台数]);//统计变电站/变压器
            Caption110[iCounty, Year, Type] += RngToDouble((Excel.
Range)N110sht. Cells[i, N110. 主变容量]);//统计容量
            LineNum110[iCounty, Year, Type] += RngToDouble((Excel.
Range)N110sht. Cells[i, N110. 线路条数]);//统计线路条数
            LengthJK110[iCounty, Year, Type] += RngToDouble((Excel.
Range)N110sht. Cells[i, N110. 架空长度]);//统计架空线路长度
            LengthDL110[iCounty, Year, Type] += RngToDouble((Excel.
Range)N110sht. Cells[i, N110. 电缆长度]);//统计电缆线路长度
            InvestTotal110[iCounty, Year, Type] += RngToDouble((Excel.
Range)N110sht. Cells[i, N110. 总投资]);//统计总投资
          }
          i++;
        }
        #endregion


        #region 统计 110kV 变电改造量
        i = 5;
        while (true)
        {
```

```
rngBlank = (Excel. Range)SR110sht. Cells[i, 1];
sBlank = rngBlank. Text. ToString();
if (sBlank. Length == 0)
{
    break;
}
else
{
    rngYear = (Excel. Range)SR110sht. Cells[i, SR110. 投产年];
    rngCounty = (Excel. Range)SR110sht. Cells[i, SR110. 县域];

    Year = int. Parse(rngYear. Text) - 2016;
    int iCounty = StrInArr(rngCounty. Text, CountyName, CityName);

    Substation110[iCounty, Year, 2] += 1;
    Transformer110[iCounty, Year, 2] += RngToDouble((Excel.
Range)SR110sht. Cells[i, SR110. 主变台数]);//统计变电站/变压器
    Caption110[iCounty, Year, 2] += RngToDouble((Excel. Range)
SR110sht. Cells[i, SR110. 改造后容量]);//统计容量
    CaptionJZ110[iCounty, Year, 2] += RngToDouble((Excel.
Range)SR110sht. Cells[i, SR110. 改造后容量]) - RngToDouble((Excel. Range)
SR110sht. Cells[i, SR110. 改造前容量]);
    InvestTotal110[iCounty, Year, 2] += RngToDouble((Excel.
Range)SR110sht. Cells[i, SR110. 总投资]);//统计总投资
}
i++;
}
#endregion

#region 统计 110kV 线路改造量
i = 5;
```

```csharp
while (true)
{
    rngBlank = (Excel. Range)LR110sht. Cells[i, 1];
    sBlank = rngBlank. Text. ToString();
    if (sBlank. Length == 0)
    {
        break;
    }
    else
    {
        rngYear = (Excel. Range)LR110sht. Cells[i, LR110. 投产年];
        rngCounty = (Excel. Range)LR110sht. Cells[i, LR110. 县域];

        Year = int. Parse(rngYear. Text) - 2016;
        int iCounty = StrInArr(rngCounty. Text, CountyName, CityName);

        LineNum110[iCounty, Year, 2] += 1;//统计线路条数
        LengthJK110[iCounty, Year, 2] += RngToDouble((Excel. Range)
LR110sht. Cells[i, LR110. 架空长度]);//统计架空线路长度
        LengthDL110[iCounty, Year, 2] += RngToDouble((Excel. Range)
LR110sht. Cells[i, LR110. 电缆长度]);//统计电缆线路长度
        InvestTotal110[iCounty, Year, 2] += RngToDouble((Excel. Range)
LR110sht. Cells[i, LR110. 总投资]);//统计总投资

    }
    i++;
}
#endregion

#region 统计 35kV 新建量
i = 5;
```

```
      while (true)
      {
        rngBlank = (Excel. Range)N35sht. Cells[i, 1];
        sBlank = rngBlank. Text. ToString();
        if (sBlank. Length == 0)
        {
          break;
        }
        else
        {
          rngType = (Excel. Range)N35sht. Cells[i, N35. 建设类型];
          rngYear = (Excel. Range)N35sht. Cells[i, N35. 投产年];
          rngCounty = (Excel. Range)N35sht. Cells[i, N35. 县域];

          Year = int. Parse(rngYear. Text) - 2016;
          Type = Type35(rngType. Text);

          int iCounty = StrInArr(rngCounty. Text, CountyName, CityName);

          if (RngToDouble((Excel. Range)N35sht. Cells[i, N35. 主变台数]) ! = 0)
          {
            Substation35[iCounty, Year, Type] += 1;
          }
          Transformer35[iCounty, Year, Type] += RngToDouble((Excel.
Range)N35sht. Cells[i, N35. 主变台数]);//统计变电站/变压器
              Caption35[iCounty, Year, Type] += RngToDouble((Excel.
Range)N35sht. Cells[i, N35. 主变容量]);//统计容量
              LineNum35[iCounty, Year, Type] += RngToDouble((Excel.
Range)N35sht. Cells[i, N35. 线路条数]);//统计线路条数
              LengthJK35[iCounty, Year, Type] += RngToDouble((Excel.
Range)N35sht. Cells[i, N35. 架空长度]);//统计架空线路长度
```

```
        LengthDL35[iCounty, Year, Type] += RngToDouble((Excel.
Range)N35sht.Cells[i, N35.电缆长度]);//统计电缆线路长度
        InvestTotal35[iCounty, Year, Type] += RngToDouble((Excel.
Range)N35sht.Cells[i, N35.总投资]);//统计总投资
    }
    i++;
}
#endregion


#region 统计 35kV 变电改造量
i = 5;
while (true)
{
    rngBlank = (Excel.Range)SR35sht.Cells[i, 1];
    sBlank = rngBlank.Text.ToString();
    if (sBlank.Length == 0)
    {
        break;
    }
    else
    {
        rngYear = (Excel.Range)SR35sht.Cells[i, SR35.投产年];
        rngCounty = (Excel.Range)SR35sht.Cells[i, SR35.县域];

        Year = int.Parse(rngYear.Text) - 2016;
        int iCounty = StrInArr(rngCounty.Text, CountyName, CityName);

        Substation35[iCounty, Year, 2] += 1;
        Transformer35[iCounty, Year, 2] += RngToDouble((Excel.Range)
SR35sht.Cells[i, SR35.主变台数]);//统计变电站/变压器
        Caption35[iCounty, Year, 2] += RngToDouble((Excel.Range)
```

SR35sht. Cells[i, SR35. 改造后容量]);//统计容量

    CaptionJZ35[iCounty, Year, 2] += RngToDouble((Excel. Range)

SR35sht. Cells[i, SR35. 改造后容量]) — RngToDouble((Excel. Range)SR35sht. Cells[i,

SR35. 改造前容量]);

    InvestTotal35[iCounty, Year, 2] += RngToDouble((Excel. Range)

SR35sht. Cells[i, SR35. 总投资]);//统计总投资

```
        }
      i++;
    }
    #endregion

    #region 统计 35kV 线路改造量
    i = 5;
    while (true)
    {
      rngBlank = (Excel. Range)LR35sht. Cells[i, 1];
      sBlank = rngBlank. Text. ToString();
      if (sBlank. Length == 0)
      {
        break;
      }
      else
      {
        rngYear = (Excel. Range)LR35sht. Cells[i, LR35. 投产年];
        rngCounty = (Excel. Range)LR35sht. Cells[i, LR35. 县域];

        Year = int. Parse(rngYear. Text) — 2016;
        int iCounty = StrInArr(rngCounty. Text, CountyName, CityName);

        LineNum35[iCounty, Year, 2] += 1;//统计线路条数
        LengthJK35[iCounty, Year, 2] += RngToDouble((Excel. Range)
```

```
LR35sht.Cells[i, LR35.架空长度]);//统计架空线路长度
                LengthDL35[iCounty, Year, 2] += RngToDouble((Excel.Range)
LR35sht.Cells[i, LR35.电缆长度]);//统计电缆线路长度
                InvestTotal35[iCounty, Year, 2] += RngToDouble((Excel.Range)
LR35sht.Cells[i, LR35.总投资]);//统计总投资


            }
        i++;
    }
    #endregion


    #region 统计 10kV 新建规模
    i = 5;
    while (true)
    {
        rngBlank = (Excel.Range)N10sht.Cells[i, 1];
        sBlank = rngBlank.Text.ToString();
        if (sBlank.Length == 0)
        {
            break;
        }
        else
        {
            rngYear = (Excel.Range)N10sht.Cells[i, N10.投产年];
            rngCounty = (Excel.Range)N10sht.Cells[i, N10.县域];

            Year = int.Parse(rngYear.Text) - 2016;
            int iCounty = StrInArr(rngCounty.Text, CountyName, CityName);

            Transformer10[iCounty, Year, 0] += RngToDouble((Excel.Range)
N10sht.Cells[i, N10.配电室台数]);
```

```
            Transformer10[iCounty，Year，0] += RngToDouble((Excel. Range)
N10sht. Cells[i，N10. 箱变台数]);

            Transformer10[iCounty，Year，0] += RngToDouble((Excel. Range)
N10sht. Cells[i，N10. 柱上变台数]);

            Caption10[iCounty，Year，0] += RngToDouble((Excel. Range)
N10sht. Cells[i，N10. 配电室容量]);

            Caption10[iCounty，Year，0] += RngToDouble((Excel. Range)
N10sht. Cells[i，N10. 箱变容量]);

            Caption10[iCounty，Year，0] += RngToDouble((Excel. Range)
N10sht. Cells[i，N10. 柱上变容量]);

            if (RngToDouble((Excel. Range)N10sht. Cells[i，N10. 中压架空])
+ RngToDouble((Excel. Range)N10sht. Cells[i，N10. 中压电缆]) ! = 0)
                {
                    LineNum10[iCounty，Year，0] += 1;
                }

            LengthJK10[iCounty，Year，0] += RngToDouble((Excel.
Range)N10sht. Cells[i，N10. 中压架空]);

            LengthDL10[iCounty，Year，0] += RngToDouble((Excel.
Range)N10sht. Cells[i，N10. 中压电缆]);

            LengthJK380[iCounty，Year，0] += RngToDouble((Excel.
Range)N10sht. Cells[i，N10. 低压架空长度]);

            LengthDL380[iCounty，Year，0] += RngToDouble((Excel.
Range)N10sht. Cells[i，N10. 低压电缆长度]);

            InvestTotal10380[iCounty，Year，0] += RngToDouble
((Excel. Range)N10sht. Cells[i，N10. 总投资]);

        }
    i++;
}


# endregion
```

```
#region 统计 10kV 改造规模
i = 5;
while (true)
{
    rngBlank = (Excel. Range)R10sht. Cells[i, 1];
    sBlank = rngBlank. Text. ToString();
    if (sBlank. Length == 0)
    {
        break;
    }
    else
    {
        rngYear = (Excel. Range)R10sht. Cells[i, R10. 投产年];
        rngCounty = (Excel. Range)R10sht. Cells[i, R10. 县域];

        Year = int. Parse(rngYear. Text) - 2016;
        int iCounty = StrInArr(rngCounty. Text, CountyName,
CityName);


        Transformer10[iCounty, Year, 1] += RngToDouble((Excel.
Range)R10sht. Cells[i, R10. 配变台数]);
        Caption10[iCounty, Year, 1] += RngToDouble((Excel. Range)
R10sht. Cells[i, R10. 改造后容量]);
        CaptionJZ10[iCounty, Year, 1] += RngToDouble((Excel.
Range)R10sht. Cells[i, R10. 改造后容量]) - RngToDouble((Excel. Range)
R10sht. Cells[i, R10. 改造前容量]);
        if (RngToDouble((Excel. Range)R10sht. Cells[i, R10. 中压架空]) +
RngToDouble((Excel. Range)R10sht. Cells[i, R10. 中压电缆]) != 0)
        {
            LineNum10[iCounty, Year, 1] += 1;
```

```
            }
                LengthJK10[iCounty, Year, 1] += RngToDouble((Excel.
Range)R10sht.Cells[i, R10.中压架空]);
                LengthDL10[iCounty, Year, 1] += RngToDouble((Excel.
Range)R10sht.Cells[i, R10.中压电缆]);
                LengthJK380[iCounty, Year, 1] += RngToDouble((Excel.
Range)R10sht.Cells[i, R10.低压架空长度]);
                LengthDL380[iCounty, Year, 1] += RngToDouble((Excel.
Range)R10sht.Cells[i, R10.低压电缆长度]);
                InvestTotal10380[iCounty, Year, 1] += RngToDouble
((Excel.Range)R10sht.Cells[i, R10.总投资]);


            }
        i++;
    }


#endregion

#region 关闭项目清册
wbsProjectList.Close();
#endregion

#region 写入 110kV 电网表头
Excel.Workbook wba = xapp.Workbooks.Add();
Excel.Worksheet shta110 = wba.Worksheets.Add();
shta110.Name = "110kV 电网";
shta110.Cells[1, 1] = "年份";
shta110.Cells[2, 1] = "2016";
shta110.Cells[3, 1] = "2017";
shta110.Cells[4, 1] = "2018";
shta110.Cells[5, 1] = "2019";
```

```csharp
shta110.Cells[6, 1] = "2020";
shta110.Cells[7, 1] = "合计";
for (int temp = 0; temp < nCounty - 1; temp++)
{
    shta110.Cells[8 + temp, 1] = CountyName[temp];
}
shta110.Cells[8 + nCounty - 1, 1] = "其他";
shta110.Cells[1, 2] = "新建变电站";
shta110.Cells[1, 3] = "新增变压器";
shta110.Cells[1, 4] = "新增容量";
shta110.Cells[1, 5] = "新建线路条数";
shta110.Cells[1, 6] = "新建线路";
shta110.Cells[1, 7] = "总投资";
#endregion


#region 分年份写入 110kV 电网规划规模
for (int temp = 0; temp < 5; temp++)
{
    shta110.Cells[temp + 2, 2] = sumYear(Substation110, temp, 0);
    shta110.Cells[temp + 2, 3] = sumYear(Transformer110, temp, 0)
 + sumYear(Transformer110, temp, 1);
    shta110.Cells[temp + 2, 4] - sumYear(Caption110, temp, 0) +
sumYear(Caption110, temp, 1) + sumYear(CaptionJZ110, temp, 2);
    shta110.Cells[temp + 2, 5] = sumYear(LineNum110, temp, 0) +
sumYear(LineNum110, temp, 1);
    shta110.Cells[temp + 2, 6] = sumYear(LengthJK110,
temp, 0) + sumYear(LengthJK110, temp, 1) + sumYear(LengthDL110, temp,
0) + sumYear(LengthDL110, temp, 1);
    shta110.Cells[temp + 2, 7] = sumYear(InvestTotal110,
temp, 0) + sumYear(InvestTotal110, temp, 1) + sumYear(InvestTotal110,
temp, 2);
```

```
    }
    for (int temp = 2; temp < 8; temp++)
    {
        char c;
        c = Convert.ToChar(temp + 96);
        shta110.Cells[7, temp].Formula = "=sum(" + c + "2:" + c + "6)";
        shta110.Cells[7, temp].Interior.ColorIndex = 50;
    }
    #endregion


    #region 分县域写入 110kV 电网规模
    for (int temp = 0; temp < nCounty; temp++)
    {
        shta110.Cells[temp + 8, 2] = sumCounty(Substation110, temp, 0);
        shta110.Cells[temp + 8, 3] = sumCounty(Transformer110, temp,
0) + sumCounty(Transformer110, temp, 1);
        shta110.Cells[temp + 8, 4] = sumCounty(Caption110,
temp, 0) + sumCounty(Caption110, temp, 1) + sumCounty(CaptionJZ110,
temp, 2);
        shta110.Cells[temp + 8, 5] = sumCounty(LineNum110,
temp, 0) + sumCounty(LineNum110, temp, 1);
        shta110.Cells[temp + 8, 6] = sumCounty(LengthJK110,
temp, 0) + sumCounty(LengthJK110, temp, 1) + sumCounty(LengthDL110,
temp, 0) + sumCounty(LengthDL110, temp, 1);
        shta110.Cells[temp + 8, 7] = sumCounty(InvestTotal110, temp, 0) +
sumCounty(InvestTotal110, temp, 1) + sumCounty(InvestTotal110, temp, 2);
    }
    #endregion


    #region 110kV 电网格式调整
    Excel.Range rngs;
```

```
rngs = shta110. UsedRange;
rngs. RowHeight = 20;
rngs. ColumnWidth = 10;
rngs. Font. Size = 9;
rngs. Font. Name = "Times New Roman";
rngs. Borders. LineStyle = Excel. XlLineStyle. xlContinuous;
rngs. Borders. Weight = Excel. XlBorderWeight. xlThin;
rngs. HorizontalAlignment = Excel. XlHAlign. xlHAlignCenter;
rngs. VerticalAlignment = Excel. XlVAlign. xlVAlignCenter;
#endregion


#region 写入 35kV 电网表头
Excel. Worksheet shta35 = wba. Worksheets. Add(System. Type. Missing, shta110);
    shta35. Name = "35kV 电网";
    shta35. Cells[1, 1] = "年份";
    shta35. Cells[2, 1] = "2016";
    shta35. Cells[3, 1] = "2017";
    shta35. Cells[4, 1] = "2018";
    shta35. Cells[5, 1] = "2019";
    shta35. Cells[6, 1] = "2020";
    shta35. Cells[7, 1] = "合计";
    for (int temp = 0; temp < nCounty - 1; temp++)
    {
        shta35. Cells[8 + temp, 1] = CountyName[temp];
    }
    shta35. Cells[8 + nCounty - 1, 1] = "其他";
    shta35. Cells[1, 2] = "新建变电站";
    shta35. Cells[1, 3] = "新增变压器";
    shta35. Cells[1, 4] = "新增容量";
    shta35. Cells[1, 5] = "新建线路条数";
```

```
shta35.Cells[1, 6] = "新建线路";
shta35.Cells[1, 7] = "总投资";
#endregion

#region 分年份写入 35kV 电网规划规模
for (int temp = 0; temp < 5; temp++)
{
    shta35.Cells[temp + 2, 2] = sumYear(Substation35, temp, 0);
    shta35.Cells[temp + 2, 3] = sumYear(Transformer35,
temp, 0) + sumYear(Transformer35, temp, 1);
    shta35.Cells[temp + 2, 4] = sumYear(Caption35, temp, 0) +
sumYear(Caption35, temp, 1) + sumYear(CaptionJZ35, temp, 2);
    shta35.Cells[temp + 2, 5] = sumYear(LineNum35, temp, 0) +
sumYear(LineNum35, temp, 1);
    shta35.Cells[temp + 2, 6] = sumYear(LengthJK35, temp, 0) +
sumYear(LengthJK35, temp, 1) + sumYear(LengthDL35, temp, 0) + sumYear
(LengthDL35, temp, 1);
    shta35.Cells[temp + 2, 7] = sumYear(InvestTotal35, temp, 0) +
sumYear(InvestTotal35, temp, 1) + sumYear(InvestTotal35, temp, 2);
}
for (int temp = 2; temp < 8; temp++)
{
    char c;
    c = Convert.ToChar(temp + 96);
    shta35.Cells[7, temp].Formula = "=sum(" + c + "2:" + c + "6)";
    shta35.Cells[7, temp].Interior.ColorIndex = 50;
}
#endregion

#region 分县域写入 35kV 电网规模
for (int temp = 0; temp < nCounty; temp++)
```

```
        {
            shta35. Cells[temp + 8, 2] = sumCounty(Substation35, temp, 0);
            shta35. Cells[temp + 8, 3] = sumCounty(Transformer35, temp, 0)
+ sumCounty(Transformer35, temp, 1);
            shta35. Cells[temp + 8, 4] = sumCounty(Caption35, temp, 0) +
sumCounty(Caption35, temp, 1) + sumCounty(CaptionJZ35, temp, 2);
            shta35. Cells[temp + 8, 5] = sumCounty(LineNum35, temp, 0) +
sumCounty(LineNum35, temp, 1);
            shta35. Cells[temp + 8, 6] = sumCounty(LengthJK35, temp, 0) +
sumCounty(LengthJK35, temp, 1) + sumCounty(LengthDL35, temp, 0) + sum-
County(LengthDL35, temp, 1);
            shta35. Cells[temp + 8, 7] = sumCounty(InvestTotal35, temp, 0)
+ sumCounty(InvestTotal35, temp, 1) + sumCounty(InvestTotal35, temp, 2);
        }
        #endregion


        #region 35kV 电网调整格式
        rngs = shta35. UsedRange;
        rngs. RowHeight = 20;
        rngs. ColumnWidth = 10;
        rngs. Font. Size = 9;
        rngs. Font. Name = "Times New Roman";
        rngs. Borders. LineStyle = Excel. XlLineStyle. xlContinuous;
        rngs. Borders. Weight = Excel. XlBorderWeight. xlThin;
        rngs. HorizontalAlignment = Excel. XlHAlign. xlHAlignCenter;
        rngs. VerticalAlignment = Excel. XlVAlign. xlVAlignCenter;
        #endregion


        #region 写入 10kV 电网表头
        Excel. Worksheet shta10 = wba. Worksheets. Add(System. Type. Miss-
ing, shta35);
```

```csharp
shta10. Name = "10kV 电网";
shta10. Cells[1，1] = "年份";
shta10. Cells[2，1] = "2016";
shta10. Cells[3，1] = "2017";
shta10. Cells[4，1] = "2018";
shta10. Cells[5，1] = "2019";
shta10. Cells[6，1] = "2020";
shta10. Cells[7，1] = "合计";
for (int temp = 0; temp < nCounty - 1; temp++)
{
    shta10. Cells[8 + temp，1] = CountyName[temp];
}
shta10. Cells[8 + nCounty - 1，1] = "其他";
shta10. Cells[1，2] = "新增变压器";
shta10. Cells[1，3] = "新增容量";
shta10. Cells[1，4] = "新建架空";
shta10. Cells[1，5] = "新建电缆";
shta10. Cells[1，6] = "新建低压架空";
shta10. Cells[1，7] = "新建低压电缆";
shta10. Cells[1，8] = "总投资";
#endregion

#region 分年份写入 10kV 电网规划规模
for (int temp = 0; temp < 5; temp++)
{
    shta10. Cells[temp + 2，2] = sumYear(Transformer10, temp, 0);
    shta10. Cells[temp + 2，3] = sumYear(Caption10, temp, 0) / 1000
+ sumYear(CaptionJZ10, temp, 0) / 1000;
    shta10. Cells[temp + 2，4] = sumYear(LengthJK10, temp, 0);
    shta10. Cells[temp + 2，5] = sumYear(LengthDL10, temp, 0);
    shta10. Cells[temp + 2，6] = sumYear(LengthJK380, temp, 0);
```

```
        shta10. Cells[temp + 2, 7] = sumYear(LengthDL380, temp, 0);
        shta10. Cells[temp + 2, 8] = sumYear(InvestTotal10380, temp, 0);
    }
    for (int temp = 2; temp < 9; temp++)
    {
        char c;
        c = Convert. ToChar(temp + 96);
        shta10. Cells[7, temp]. Formula = "=sum(" + c + "2:" + c + "6)";
        shta10. Cells[7, temp]. Interior. ColorIndex = 50;
    }
    #endregion


    #region 分县域写入 10kV 电网规模
    for (int temp = 0; temp < nCounty; temp++)
    {
        shta10. Cells[temp + 8, 2] = sumCounty(Transformer10, temp, 0);
        shta10. Cells[temp + 8, 3] = sumCounty(Caption10, temp, 0) /
1000 + sumCounty(CaptionJZ10, temp, 0) / 1000;
        shta10. Cells[temp + 8, 4] = sumCounty(LengthJK10, temp, 0);
        shta10. Cells[temp + 8, 5] = sumCounty(LengthDL10, temp, 0);
        shta10. Cells[temp + 8, 6] = sumCounty(LengthJK380, temp, 0);
        shta10. Cells[temp + 8, 7] = sumCounty(LengthDL380, temp, 0);
        shta10. Cells[temp + 8, 8] = sumCounty(InvestTotal10380, temp, 0);
    }
    #endregion


    #region 10kV 电网调整格式
    rngs = shta10. UsedRange;
    rngs. RowHeight = 20;
    rngs. ColumnWidth = 10;
    rngs. Font. Size = 9;
```

```csharp
rngs.Font.Name = "Times New Roman";
rngs.Borders.LineStyle = Excel.XlLineStyle.xlContinuous;
rngs.Borders.Weight = Excel.XlBorderWeight.xlThin;
rngs.HorizontalAlignment = Excel.XlHAlign.xlHAlignCenter;
rngs.VerticalAlignment = Excel.XlVAlign.xlVAlignCenter;
#endregion


#region 写入总计表
Excel.Worksheet shtaTotal = wba.Worksheets.Add(System.Type.Missing, shta10);
shtaTotal.Name = "总计";
shtaTotal.Cells[1, 2] = "110kV 投资";
shtaTotal.Cells[1, 3] = "35kV 投资";
shtaTotal.Cells[1, 4] = "10kV 投资";
shtaTotal.Cells[1, 5] = "合计";
for (int temp = 2; temp < 8 + nCounty; temp++)
{
    shtaTotal.Cells[temp, 1] = shta110.Cells[temp, 1];
    shtaTotal.Cells[temp, 2].Formula = "='110kV 电网'! G" + temp;
    shtaTotal.Cells[temp, 3].Formula = "='35kV 电网'! G" + temp;
    shtaTotal.Cells[temp, 4].Formula = "='10kV 电网'! H" + temp;
    shtaTotal.Cells[temp, 5].Formula = "=B" + temp + "+C" + temp + "+D" + temp;
    if (temp == 7)
    {
        shtaTotal.Cells[temp, 1].Interior.ColorIndex = 50;
        shtaTotal.Cells[temp, 2].Interior.ColorIndex = 50;
        shtaTotal.Cells[temp, 3].Interior.ColorIndex = 50;
        shtaTotal.Cells[temp, 4].Interior.ColorIndex = 50;
        shtaTotal.Cells[temp, 5].Interior.ColorIndex = 50;
    }
```